はじめに

　この本のテーマは「品種改良の『前』と『後』」となっています。品種というのは、たとえばみなさんがふだん食べているお米なら、「コシヒカリ」や「あきたこまち」という品種の違いのことです。それらのお米は、人々がさまざまな品種をかけ合わせよりよいものとして栽培を続けながら、開発してきたものです。収量が多い品種、寒さや暑さに強い品種、よりおいしい品種といった、それぞれの特色や違いがあります。それらは自然界にもともとあった野生種から発生し、人々の工夫や改良によって今日の姿になってきたわけです。この本では、そんな品種改良の前と後の違いを見ながら、品種がどのように性質を変えて生まれてきたか、どのように人々の役に立ってきたかといったことを、楽しみながら学んでいきます。

　大きく動物界と植物界という2つの品種改良の世界があり、そこから哺乳類ワールドや野菜ワールドといった6つのワールドに分かれています。品種改良の不思議で謎めいた世界を見ていくと、日ごろ私たちが見たり食べたりしていたものがとてもおもしろく見えてきますよ。さあ、いっしょに品種改良の秘密と歴史を学んでいきましょう！

※ 本書では、品種の「改良前」と「改良後」という編集構成をしていますが、とくに「改良前」の扱いについては、現在可能な範囲で目にできる野生種や、より原種に近いと思われる種を掲載しています。

この本の見方

属性
生物としての種類を紹介します

改良前
原種や野生種がどこでどのように生まれたかなどを紹介します

改良度
パラメータをもとに、原種や野生種からの変化度を星マークの5段階で表します

パラメータ
サイズや見た目の差、品種数の広がりなどを3段階で表します

改良後
品種改良が進み、どのように変化し、多様化してきたかを紹介します

もっと知りたい！
品種改良にまつわるおもしろ話やトリビアなどを紹介します

品種改良の歴史や経緯、さまざまなエピソードなどを紹介します

品種改良によって増えた役割や用途、人気の品種などを紹介します

003

プロローグ
登場人物紹介

江戸川ミナト
自然観察が好きな、小学5年生。冒険心旺盛で、よく山に出かけている。好きな食べ物はイチゴパフェ。夢は火星にイチゴ農園を作ること。もえぎ山でシリウスと出会ったことで、品種改良について興味をもち始める。

工藤リン
ミナトの同級生で、しっかり者の優等生。好奇心旺盛で、幼なじみのともだち、江戸川ミナトと一緒に昆虫採集でもえぎ山に行き、シリウスと出会うことに。

青山モモ
ミナトやリンとは家も近所で、昔から仲のよい幼なじみの同級生。ミナトやリンと一緒に昆虫採集でもえぎ山に行き、シリウスに出会う。海外から輸入した昆虫を飼育するような、おっとりした不思議ちゃん系虫好き少女。

シリウス
人類と品種改良の歴史を熟知した、神秘的なオオカミ。心ない人間によって捨てられた動物たちを守り、育ててきた護り神。3人に品種改良の歴史や大切さ、最新の情報を教える。遺跡のある洞窟に住んでいる。遺跡には、人類の品種改良の資料も残されている。

ルドマップ

植物界
しょくぶつかい

果物
くだもの
ワールド

花
はな
ワールド

野菜
やさい
ワールド

大きく動物と植物
おおきくどうぶつしょくぶつ
2つの世界から、
せかい
6つのワールドを
紹介していくよ
しょうかい

009

品種改良ってなに？

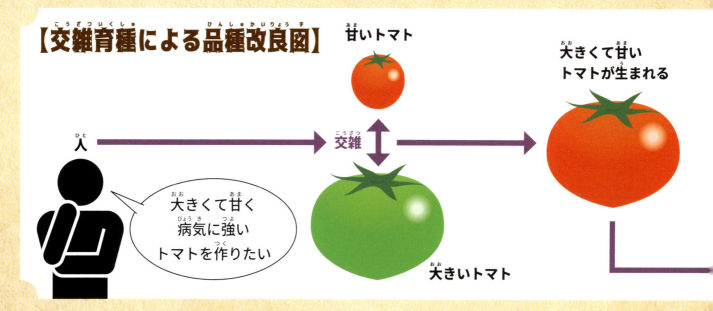

人類に役立つ生き物のバトンリレー

　私たちはみんな、お父さんやお母さん、兄弟姉妹、おじいさん、おばあさんといった家族やご先祖さまたちと、どこか似ていたりするものです。それは私たちの体を作る細胞の中で、遺伝子というものが代々受け継がれているからです。その遺伝子にもとづいて、私たち一人ひとりの体や性質といったものも形作られているのです。

　品種改良は、こうした生き物がもつ親から子、子から孫へと代々受け継がれていく遺伝子の特徴を利用して、人間にとって便利で役に立つ性質のものを選び、改良していく技術からはじまりました。そして生き物では、遺伝情報のなんらかの変化により、ときおり突然変異というものが起こります。たとえばイネのなかで背が低くなる突然変異を起こしたものは、たくさん実っても倒れにくいため、人間はそれを利用してそのような性質をもつ品種改良を進めたのです。いってみれば、人に役立つ特徴を強めながら、代々受け継いでいくバトンリレーのようなものです。

　ただこうした突然変異による偶然を待つだけでは効率がよくありません。そこで人間は次に、性質の異なる品種をかけ合わせて、新しい品種を作りだすということを始めました。たとえばおいしいトマトと病気に強いトマトをかけ合わせ、おいしくて病気にも強いトマトに改良するといったことです。こうした技術を「交雑育種」といいます。

　近年ではさらに、放射線によって遺伝子に突然変異を起こさせて品種改良のスピードを早めたり、遺伝子自体を組み換えることで改良したりする技術も生まれました。そして現在では、全遺伝情報の設計図といわれるゲノムを編集することで、自在に品種改良を行うという最新の技術も生まれきています。

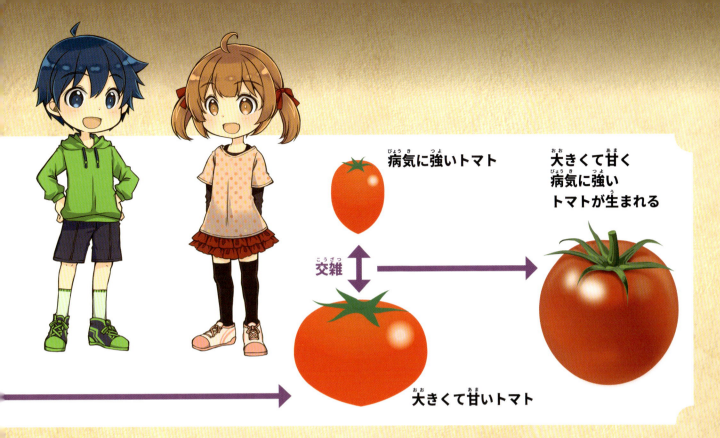

暮らしを豊かで快適にする技術

　大昔から私たち人類は、地球という環境の中でどのように食べるものを確保し、豊かで便利に暮らしていけるかをたえず考え、工夫してきました。そのために長い歴史をかけて、わたしたちが自然に身につけてきた技術が品種改良というものです。

　最初の頃、人類は、海や野山で自然に生まれ育つ野生の生き物、つまり野生種を採集し、あるいは捕まえていました。そしてよりたくさん、安定してとれ、おいしく食べられるようにと工夫を重ねてきました。簡単にいえば、人類は自分たちにとってよりよい性質や役割をもつ生き物を選んで増やす、ということを始めたのです。

　そしてさらに、早く、たくさん、丈夫で、おいしくという、人びとが望む性質をもつ種類を選び育てました。こうした品種改良の方法を「選抜育種」といいます。そこから次に、異なる性質をもつものどうしを交雑して、それらのよいところを合わせもった品種を作る、「交雑育種」とよばれる技術を生みだしました。

　また近年ではさらに、生き物の細胞の中にある遺伝子を組み換えることによって、新しい品種を作る技術も開発されました。

　現在地球上には80億の人びとが暮らしています（2024年時点）。そして今後50年から60年はさらに人口が増え続け、2080年代の半ば頃には103億人となってピークを迎えるといわれています。いま現在でも地球上の貧しい国や地域では、たくさんの人びとが満足に食べるものを得られないということが起きています。そんな人類にとって、ますます大切な技術となってくるのが品種改良ともいえるでしょう。

　今回この本で植物編の監修を引き受けてくださった竹下先生は、品種改良について、次のように述べています。「品種改良とは、言い換えれば人類の暮らしを快適にするための知恵の結晶です」。

　私たちや未来の人びとが、少しでも快適で豊かな暮らしを送っていけるよう、みなさんもこの本をきっかけに、ぜひ身の回りの品種改良された生き物たちについて考えてみてください。

目次

- はじめに この本の見方 ……… 002
- プロローグ・登場人物紹介 …… 004
- 品種改良ワールドマップ ……… 008
- 品種改良ってなに？ ………… 010

1章 哺乳類ワールド … 014

- イヌ ……………………… 018
- ウシ ……………………… 022
- ブタ ……………………… 026
- ウマ ……………………… 030
- ネコ ……………………… 034
- ヒツジ …………………… 038
- ヤギ ……………………… 042
- 品種改良なるほどコラム1 …… 046

2章 鳥類ワールド ……… 047

- ニワトリ ………………… 048
- インコ …………………… 052
- アヒル …………………… 056
- 品種改良なるほどコラム2 …… 060

3章 魚介類ワールド … 061

- キンギョ ………………… 062
- ネッタイギョ …………… 066
- ニシキゴイ ……………… 070
- シンジュ ………………… 074

植物界

4章 果物ワールド ……… 079
スイカ………………………082
イチゴ………………………086
ブドウ………………………090
カンキツ……………………094
リンゴ………………………098
品種改良なるほどコラム 3 ……102

5章 野菜ワールド ……… 103
トマト………………………104
カボチャ……………………108
キャベツ……………………112
ダイコン……………………116
ジャガイモ…………………120
トウモロコシ………………124
品種改良なるほどコラム 4 ……128

6章 花ワールド ………129
バラ…………………………130
チューリップ………………134
ユリ…………………………138
サクラ………………………142

あとがき……………………146
監修者　小宮輝之／竹下大学
さくいん……………………148
参考文献／参考サイト………150
写真・資料提供者……………151

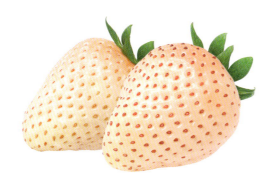

1章 哺乳類ワールド

P22…ウシ

P30…ウマ

P42…ヤギ

P38…ヒツジ

P18…イヌ

P34…ネコ

イヌ

2〜4万年前にオオカミから分かれて誕生

イヌの先祖は、昔、東アジアにすんでいたハイイロオオカミの子などが、しだいに飼いならされて人といっしょに生活するようになったのが、はじまりと考えられます。そこから現在のイヌの系統に分かれたのは、だいたい2〜4万年前になります。写真は、先祖に近いとみられるハイイロオオカミです。

改良前 BEFORE

1章 哺乳類ワールド ― イヌ

改良度 ★★★★★

サイズの差	★★★
見た目の差	★★★
品種の数	★★★

▶▶ 改良後 AFTER

品種改良のすえにさまざまなイヌが誕生し、先祖のオオカミとは似ても似つかない犬種もたくさん生まれました。イヌはそのすぐれた嗅覚や足の速さといった能力を活用し、人の役に立ってきました。今日では人の心をなごませてくれるペットとしても、いろいろな品種があります。現在世界には700〜800種類のイヌがいて、ひとつの生物として最も種類の豊富なのがイヌともいわれています。それだけ人とイヌのつき合いは、歴史が古いということになります。

①ラブラドール・レトリバー ②セントバーナード ③ボーダーコリー

品種改良のはじまり

人は生きていくうえで、品種改良の便利さを、イヌから教えてもらったといえるかもしれないわね

人が最初に行った品種改良

最初は親をなくした子どもオオカミが人に拾われて育つうちに、狩りや獣に襲われたときに役に立つことがわかり、意図的に飼われるようになったと考えられています。そのなかから人に従いやすい性格のオオカミが、しだいにイヌとして育ってきたのでしょう。そしてさらに番犬として優秀なイヌや、狩をするのに役立つイヌ、家畜と暮らしながら番ができるイヌ、人の心をやわらげてくれるかわいいイヌ、といったさまざまな役割が与えられました。

アカクス山脈にある、イヌが描かれた古代の岩壁画

古代エジプトでは神様だったイヌ

グレイハウンドのように走るのが得意なイヌは、時速70キロのスピードで走れるのだ

もっと知りたい！
イヌの嗅覚や視力、スピードが狩猟をサポート

狩猟生活をしてきた人間にとって、イヌは最強の味方でした。獲物を発見し、追い立て、ときには格闘し、回収してくれる能力もあります。すばやい走りと、人間の3000から1万倍といわれる嗅覚。そして聴覚や動体視力は、4倍といわれます。さらになんといっても、その従順な性格が、人のために最高の役割を果たしてきたのです。

さまざまな役割をもつイヌたち

人間のいうことをよく聞きとてもかしこいイヌは、現在さまざまなかたちで人の暮らしに役立ってくれています。人が入れない危険な場所に入り、見えない所に閉じ込められた人を発見し、救助できるのもイヌのすぐれた能力のおかげです。また目が不自由な人の道案内をしたり、気持ちが落ち込んでいる人の精神的な支えになってくれるイヌもいます。

救助犬

写真左／倒れた建物の中に閉じ込められた人を発見し助け出すのに、すぐれた嗅覚が役立ちます。写真右／雪山などで遭難した人を救助する、寒さに強いイヌもいます。

盲導犬

目の不自由な人が道路を安全に歩けるように、しっかりとみちびいてくれるイヌ。

ペット犬

ふだん私たちがいちばん目にするのは、ペットとして飼われているイヌたちでしょう。ぬいぐるみのように改良されたイヌもいます。

セラピー犬

人への忠誠心や愛情が強いイヌとのふれあいは、高齢者や障害をもつ人、がんや精神の治療を必要とする人にとって、心をおだやかにし、病気の回復にも役立つといわれています。

1章 哺乳類ワールド ─ イヌ

ウシ

ウシを飼い始めたのは約1万年前

ウシの飼育は、約1万年前の中近東、いまのイラクやシリア、イスラエル周辺の地域で始まったとされています。この時期、人は農耕とともに定住を始め、おもにウシの乳や肉、皮、骨などを得るために家畜化しました。初めのウシは、オーロックスという大型の野生牛が家畜化されたもので、1627年にポーランドで最後の1頭が狩猟されて絶滅しました。写真は復元されたオーロックス。

改良前 BEFORE ▶▶

022

改良度		
★★☆☆☆	サイズの差	★☆☆
	見た目の差	★☆☆
	品種の数	★★☆

ウシの品種数は、世界中で約800種類以上とされています。これらの品種は目的別に、「乳牛」「肉牛」、乳と肉を利用する「兼用牛」、耕作や運搬などの作業に使用する目的で飼う「役牛」などに分けられます。品種改良の技術によって、それぞれの地域の気候や環境に合う、すぐれた品種が開発されてきました。

1章

哺乳類ワールド ウシ

①

②
③

改良後 AFTER

①ブラーマン種 ②ヘレフォード種 ③ハイランド種

023

品種改良のはじまり

おいしい牛乳が飲めるなんて、ウシたちに感謝しなきゃね！

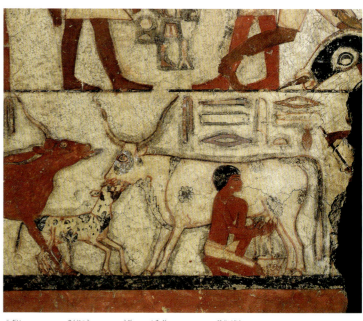

古代エジプトの搾乳シーンを描いた壁画（ルーブル美術館）

人類が初めて家畜化した大型動物のひとつ

約1万年前、人類は家畜化したウシの祖先であるオーロックスを飼い始めました。ウシはおもに食肉用として飼育されましたが、次に役牛として、農業や運搬などの労働に利用され始めました。そして、約5000年前には乳の利用が始まり、古代エジプトの壁画には、ウシの搾乳シーンが描かれています。

ウシのルーツは2つ？

家畜化したウシのルーツは、大きく分けて2つあります。1つはオーロックス系のホルスタイン種やジャージー種、ブラウンスイス種など、乳量や肉質がすぐれていて、おもに温帯地域で飼われているウシ。もう1つはオーロックス系のウシに、暑さや湿気、寄生虫に強いコブウシを交配して品種改良したウシです。日本へは古墳時代後期、朝鮮半島経由で入ってきたとされ、遺伝子の解析から、温帯地域で飼われていたオーロックス系統のウシということがわかっています。

背中にコブをもつコブウシ

もっと知りたい！

壁画に残る家畜化したウシの祖先

フランスのラスコー洞窟の壁画には、約2万年前のクロマニョン人によって数多くの動物が描かれています。オーロックスはその代表で、勇ましい姿で描写されていることから、重要な動物だったことがうかがえます。クロマニョン人たちは、大きなオーロックスの姿を崇拝し、神聖視していたのかもしれません。

さまざまな役割と人気品種

現代のウシは、遺伝学や栄養学、バイオテクノロジーの活用によって、効率的で長く続けられる方法で飼育が行われています。人工授精や胚移植といった技術により、すぐれた遺伝子をもつウシの品種改良が進められています。

乳牛

ホルスタイン種

世界で最も広く飼育されている乳牛。1年間に約8000kgの生乳がとれる

ジャージー種

ジャージー島を原産とする品種で、乳はバターやクリームに

ブラウンスイス種

スイスを原産とする品種で、乳はチーズの製造に適している

肉牛

黒毛和種

日本を代表する品種で、肉質がやわらかく、国内外で評価が高い

アンガス種

スコットランドを原産とする無角の品種で、やわらかい肉が特徴

ヘレフォード種

イギリスを原産とする品種で、世界中で飼われている

兼用牛

ブラーマン種

アメリカ南部を原産とするコブウシ系の品種

ベルテッドギャロウェイ種

スコットランドを原産とする品種で、特徴的な白い帯状の模様がある

ハイランド種

スコットランドを原産とする品種で、寒さなど過酷な気候や環境にたえる

1章 哺乳類ワールド ── ウシ

ブタ

原種のイノシシはいまもしっかり生きている

ウシやウマ、ヒツジやヤギといった動物は、狩猟をしていた民族によって家畜化されましたが、ブタの祖先であるイノシシは農耕をしていた民族によって家畜化されました。それはイノシシが、移動しながら暮らすのに不向きだったからと考えられます。また家畜化された動物たちの原種は、その多くが現在なくなってしまったのに対し、いまも生きているイノシシはめずらしい例といえます。

改良前 BEFORE

哺乳類ワールド　ブタ

1章

改良度 ★★★☆☆

サイズの差	★★☆
見た目の差	★☆☆
品種の数	★★☆

▶▶ **改良後 AFTER**

ウマやウシのように労働力として不向きだったブタは、もっぱら食肉としての役割を中心に品種改良されてきました。それには子をたくさん作る品種がよいこともあり、1頭のメスが20〜30頭産むようになりました。さまざまな品種が改良されましたが、現在世界にいるブタの品種数は約400種ほどと考えられています。

①クネクネ種　②ランドレース種　③バークシャー種

品種改良のはじまり

紀元前7000年頃から、現在のトルコ地域でブタの家畜化が始まった

最も古いブタの骨は、現在のトルコ地域で紀元前7000年頃の遺跡から発掘されました。その後ギリシャからヨーロッパ各地へと広がり、ヨーロッパにいた原種と交わっていきました。また紀元前5000年頃には、南方のエジプト方面にも広がりました。一方トルコ地域とは別に、中国では紀元前6000年頃に養豚が起こりました。

日本へは7世紀頃に朝鮮半島からブタの飼育が伝えられた

日本では縄文時代からイノシシの狩猟が行われており、弥生時代にはブタが飼われていたようですが、正しい養豚の技術が入ってきたのは7世紀頃といわれます。朝鮮半島で663年に百済という国がほろんだため、逃げのびた一部の人々がブタを連れて日本に渡り、技術も伝えたのではないかといわれます。

フランスで15世紀に描かれた写本「ベリー侯のいとも豪華なる時祷書」11月・豚の放牧の様子

朝廷にささげるブタを飼育する係があったと、8世紀の『日本書紀』に記されているよ

もっと知りたい！

コレラの流行がきっかけでトンカツが生まれた!?

1912年に日本でコレラが流行すると、それを食い止めるために、警視庁は刺身など生魚の料理を制限して火を通す肉食をすすめました。当時、とくに関東地方などで豚肉の生産が伸びていたため、牛肉よりも値段の安い豚肉を使ったカツレツが、トンカツとして誕生したのです。

さまざまなブタの品種たち

沖縄県では「鳴き声以外は全部食べる」といわれるブタ。耳、しっぽ、足、頭から血液まで、中国やヨーロッパでも食材として幅広く利用されています。ただブタという動物の性質上、ウシやウマのような働き手としては不向きでした。そのためたくさん子を産み、おいしい肉となるような改良を中心に行われてきました。

大ヨークシャー種 — 色が白く耳が立っている

ランドレース種 — 大きな耳が顔をおおうほど

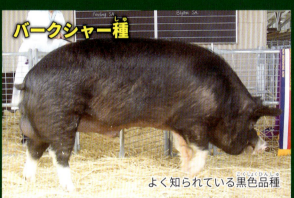
バークシャー種 — よく知られている黒色品種

デュロック種 — 赤色が特徴で耳は小さく先の3分の2が前にたれる

もっと知りたい！ 三元豚ってどんなブタ？

みなさんはスーパーのブタ肉売り場などで、「三元豚」と書かれた商品を見たことがありますか。おいしいブタ肉として知られるブランド品種のなかの代表的な三元豚は、ランドレース種のメスと大ヨークシャー種のオスから生まれたメスを、デュロック種のオスとかけ合わせて生まれたブタのことです。ジューシーで、口の中でスッと溶ける味わいがあるといわれます。

1章 哺乳類ワールド ブタ

ウマ

約 5000 年前から
重要な役割を果たしてきた

ウマの飼育の歴史は古く、約 5000 年前に東ヨーロッパで始まったと考えられています。家畜ウマの祖先のひとつ、タルパンと呼ばれる野生ウマは、1879 年に絶滅しました。写真は、残されていたタルパンの絵をもとに、ドイツで復元されたタルパンです。

改良前
BEFORE

改良度 ★★★☆☆

サイズの差	★★☆
見た目の差	★☆☆
品種の数	★★☆

1章

哺乳類ワールド　ウマ

▶▶ 改良後 AFTER

ウマの品種は、200種類以上とされています。よく知られているサラブレッドは、競走馬としてイギリスで作りだされた品種です。8代続けてサラブレッドを交配したウマだけをサラブレッドと呼んで、すべてに血統書が付けられています。

031

品種改良のはじまり

ウマは働き者なんだね

労働力や軍事用に品種改良

約5000年前に家畜化されたウマは、おもに農業や移動手段などの労働力として利用されました。時代が進むと、戦車を引いたり戦士を乗せて戦う軍事用に、体格がよく耐久力のあるウマへと品種改良が行われるようになります。

やさしい気持ちにしてくれる

現代のウマは、競走馬や乗馬だけではなく、ふれあうことで人の心をなごませる役割もしてくれます。やさしい気持ちにしてくれたり、ストレスを減らしてくれたり、ともだちのようなうれしい存在です。

もっと知りたい！

モンゴルの蒙古馬

日本に初めてやってきたのは蒙古馬

1500年～1600年前の古墳時代、朝鮮半島を経て日本にもたらされたのは、蒙古系のウマでした。家畜ウマの原種のひとつであるタルパンが、中央アジアからモンゴルへ伝わって誕生した蒙古馬の系統で、日本のウマのご先祖さまです。

さまざまな役割と品種たち

ウマは人類の歴史のなかで、とても重要な役割を果たしてきました。それぞれの用途に合わせた品種改良が発展し、いろいろな品種が誕生しました。現代でもさまざまな役割をもつウマたちが活躍しています。

乗用馬

アラブ種
じょうぶで耐久力がある

農耕馬

ブルトン
たくましく頼りになる

荷役馬

道産子
小柄だけど力持ち

ペット

ミニチュアホース
高さ80㎝以下のかわいさ

1章 哺乳類ワールド ── ウマ

033

ネコ

1万年以上前にアフリカの野生ネコが家畜化

家畜のなかでも私たちに最も身近なネコは、動物の分類で「イエネコ」と呼びます。先祖は、アフリカの「リビアヤマネコ」（写真）。赤道から北のアフリカ、アラビア半島のあたりに生息しています。毛が短く、しっぽが長く、砂漠に似た色をしているのが特徴です。

改良前 BEFORE

改良度 ★★★★☆

サイズの差	★★★
見た目の差	★★★
品種の数	★☆☆

1章 哺乳類ワールド ネコ

▶▶ **改良後 AFTER**

家畜化されて世界中に広がったイエネコの品種は、中東・アフリカ、ヨーロッパ・アメリカ、アジアの3つのグループに分かれます。日本のネコは、DNAからアジアの中国のグループとみられています。アジアのグループにはヨーロッパの血が混じっているとされ、シルクロードを通ってやってきたためと考えられています。大きな写真のネコは、ヨーロッパ系。イギリス生まれの「スコティッシュフォールド」です。

①ノルウェージャンフォレストキャット ②ジャパニーズボブテイル ③ロシアンブルー

品種改良のはじまり

女神「バステト」をかたどった像

ネコは古代エジプト人が家畜化した?

ネコの家畜化のはじまりについては、さまざまな説があります。1万年ほど前の遺跡で、人の骨とネコの骨が近くで発見されたことから、この頃に始まったという説もあります。紀元前3000年の古代エジプトの遺跡からは、ネコの骨が多く出土しています。農耕がさかんになり、ネズミから穀物を守るためにネコが飼われていたとみられます。ネコは大事な存在になり、ネコの女神「バステト」が信仰され、遺跡からはネコの彫像やレリーフなどが多く出土しています。

弥生時代から飼われていたイエネコ

2014年、長崎県壱岐市のカラカミ遺跡からイエネコの化石が出土し、日本のイエネコの歴史は、弥生時代にさかのぼることがわかりました。平安時代は貴族の愛玩用としても飼われ、『日本霊異記』に最古の記録があります。宇多天皇は大のネコ好きで、その様子が日記から伝わってきます。鎌倉時代になってネコを飼う習慣が広がり、江戸時代はネコブーム。浮世絵にもよく登場しました。

ネコが描かれた歌川国芳の自画像

もっと知りたい!

トラ、ミケ、クロ、シロ…、みんな同じ仲間

日本でいちばん多いのは、種類の違うネコから生まれた雑種ネコ。毛の色によって呼び名が変わります。トラのようなシマ模様のトラネコ、三色のミケネコ、全身が黒いクロネコ、真っ白なシロネコ。ほかにも、ブチ模様のブチネコ、顔のまんなかで色が分かれているハチワレなど、呼び名はいろいろです。雑種ネコは、同じ種類のネコから生まれる純血種より、病気にかかりにくく、じょうぶだとされています。

雑種ネコ「サバトラ」。シルバー系の色がサバに似ている

人気のスター品種たち

ネコの品種には、自然に発生したもの、人間が交配で生みだしたもの、突然変異によるものがあります。大きさや体形、毛の色・長さ・状態・模様、しっぽの長さ・形、目の色・形、耳の形など、世界各国でさまざまな品種が生まれています。

スコティッシュフォールド

折れ曲がった耳が愛らしいイギリス生まれ

ノルウェージャンフォレストキャット

ノルウェー神話に登場
寒さに負けないふわふわの毛

ロシアンブルー

ブルー系の毛と緑の目
ロシア生まれ

ペルシャ

長い毛が注目のまと
イラン生まれ

エキゾチックショートヘア

ペルシャの短毛バージョンでアメリカ生まれ

ジャパニーズボブテイル

日本生まれの青い目をしたミケネコ

1章 哺乳類ワールド ネコ

ヒツジ

1万年以上前、メソポタミア文明発祥の地で飼い慣らされた

野生のヒツジは、ヨーロッパからアジアにかけて広がるユーラシア系のムフロン（写真）、ユリアル、アルガリのグループと、アメリカ系のビッグホーンのグループに分けられます。初めは肉を食べるために飼育されましたが、野生種が春に毛が大量に抜け落ちることから、その毛も利用されるようになりました。現代の家畜化したヒツジは、毛が生え変わることはありません。

改良前 BEFORE

1章 哺乳類ワールド ― ヒツジ

改良度 ★★★★☆

- サイズの差 ★☆☆
- 見た目の差 ★★★
- 品種の数 ★★★

改良後 AFTER

ヒツジの品種改良の歴史は古いのですが、あっと驚くような変身ぶりはありません。大きい写真のサフォーク種のように、飼いやすいようにツノはなくなっても、野生の特徴を残している品種もたくさんいます。野生種には、黒や赤、褐色などいろいろな毛の色がありますが、羊毛を目的にした場合は、あとで染めやすいように白く改良されたりしています。

①シェトランド種 ②コリデール種 ③メリノ種

品種改良のはじまり

ギリシャ神話にも登場するウールタイプ

ヒツジの飼育は、チグリス川とユーフラテス川にはさまれたメソポタミアや、アジア大陸の西部のアナトリアの遺跡などで、1万年以上前に始まっていたことがわかっています。ヒツジは飼いやすいので、これらの地域からヨーロッパ、アフリカ、アジアに広まり、さまざまな品種改良が行われました。なかでも、羊毛用のウール（下毛）タイプのヒツジは特別なものとされ、ギリシャの黄金の羊伝説にもなっています。

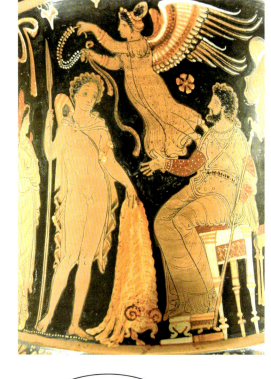

黄金の羊伝説を描いた『ペリアスに金羊毛を持ち帰るイアソン』（BC340年〜330年頃 ルーヴル美術館）

ささげものとして日本に来たヒツジ

ヒツジについて日本で最も古い記録は、『日本書紀』です。推古天皇の時代に百済から、ラクダやロバなどといっしょにヒツジ2頭がおくられたと書かれています。明治時代に飼育が始まりますが、技術や衛生管理の問題でふえませんでした。昭和時代の戦争中には、羊毛不足のためにも飼育されましたが、外国ほどさかんにはなりませんでした。ヒツジは、しめっぽい気候がにがてで、現在飼育されているのは、北海道、東北、信越、北関東など限られた地域だけです。

> ヒツジのツノは、骨が変化したもの。敵とたたかったり、メスやエサをうばい合うときに使うのだ

もっと知りたい！
太いツノが2本以上の保護品種
マンクス・ロフタン

イギリスとアイルランドの間の海に浮かぶマン島は、古くからいろいろな民族やヒツジたちがすんでいました。マンクス・ロフタンもそのなかまで、約1000年前のバイキングの墓でマンクス・ロフタンの毛のマントの切れはしが見つかったことから、バイキングのヒツジだとされています。ツノが2本以上あるのが特徴で、なかには6本あるものもいます。絶滅が心配されるために保護品種としておもにイギリスで飼育され、1990年には保護の目的で、日本に20頭が輸入されました。現在は約100頭にふえて、人工授精などの方法も使って品種の保護が行われています。

さまざまな役割と品種たち

ヒツジの品種改良は、おいしい肉、質のよい羊毛を利用するために行われてきました。ヒツジは、野生では1年に1回毛が生えかわりますが、羊毛を大量に利用するために、自然には毛が抜けないように品種改良を行い、人の手で毛刈りをするようになりました。改良されたヒツジは、毛刈りをしないと暑さで生きていけなくなります。

サフォーク種
イギリス生まれ。成長が早く肉質がよい

シェトランド種
イギリス・シェトランド諸島生まれ。じょうぶで毛色はさまざま

メリノ種
スペイン生まれ。羊毛の王様

コリデール種
ニュージーランド生まれ。ふさふさしたやわらかい毛

食肉用

骨つきでおいしいラムチョップ

羊肉にはラムとマトンがあります。ラムは、生まれて1年までの子ヒツジの肉。やわらかく、あまりくさみがありません。マトンは生まれて2年以上のおとなのヒツジ肉。うまみが強く、しっかりした肉質です。

羊毛用

年に一度の毛刈り

羊毛用の飼育は、いまのイラクあたりで始まり、エジプトやローマに広まって、1300年代にスペインでメリノ種が誕生します。ヒツジの毛は、太くてあらい上毛と、短くてやわらかい下毛（ウール）の二重構造。メリノ種は下毛の利用のために改良されたウールタイプです。オーストラリアで、世界最高の品種になりました。

1章　哺乳類ワールド　ヒツジ

041

ヤギ

「肉」「乳」「毛」を利用できるスーパー家畜

人類が初めに家畜化したヤギは写真のパサンと、高い山に暮らしていた、マーコール（44ページ）という野生のヤギでした。ヤギは、家畜化された動物のなかでも非常に多くの利用方法があり、食用はもちろん、栄養価の高い乳は乳製品に、保温性の高い毛はヒツジと同じように、服などの繊維として利用されています。

改良前 BEFORE ▶▶

1章

哺乳類ワールド

ヤギ

改良度		
	サイズの差	★☆☆
	見た目の差	★☆☆
★★☆☆☆	品種の数	★★☆

▶▶ **改良後** AFTER

大きい写真はスイスが原産の家畜ヤギの品種、ザーネン種です。体が最も大きな乳用のヤギで、年間に800kg〜1000kgもの乳を出します。世界各地で飼育されていて、日本のヤギのほとんどは、ザーネン種またはその雑種です。

①アルパイン ②アンゴラ ③トカラヤギ

043

品種改良のはじまり

マーコール

ヤギは、やせた土地でも、山の上でも崖の上でも暮らすことができる。ウシやヒツジが食べないような木の葉や草を食べることもできるので、世界で最も多く飼育されているのだ

人類が最初に乳を絞った動物

ヤギの飼育は約1万年前、トルコで始まったと考えられています。ヤギの家畜化は中東から始まり、約7000年前にはアジアやヨーロッパ、アフリカに持ちこまれ、それぞれの地域に適した品種が生まれ、世界中で飼われるようになりました。

よりすぐれた性質をもつ品種へ

ヤギは長い歴史のなかで、乳量、肉質、毛の品質、環境になじむ能力、病気への抵抗力の向上を目的に、品種改良が行われてきました。すぐれた性質をもつものどうしを交配し、その性質を子ヤギに伝える方法と、異なる品種を交配させることで、それぞれの品種の長所をもつ新しい品種を作りだす方法です。こうした品種改良によって、よりすぐれた性質をもつさまざまなヤギが誕生しました。

もっと知りたい！

小さな島にヤギが生息するのはなぜ？

世界各地の小さな島には、野生化したヤギが生息しています。これは、いまから約500年前、ヨーロッパの国々が船で世界中の新しい土地を探検していた大航海時代に、船が難破したときの非常用の食料として、ヤギを放したなごりです。

さまざまな役割と品種たち

乳や肉になり、あたたかい毛で寒さをしのいでくれるヤギは、昔から人間にとってありがたい家畜です。長く続けてきた品種改良がさらに進んで、私たちの暮らしはますます豊かなものになりました。

乳用

ザーネン種
スイス生まれで乳量たっぷり

アルパイン種
アルプスから世界各地で活躍

食用

ボア種
南アフリカ発、沖縄経由で日本各地に

トカラヤギ
トカラ列島原産、半野生でじょうぶ

毛用

カシミヤ
手ざわりよくあたたかい毛

アンゴラ
通気性がよい繊維「モヘヤ」に

1章
哺乳類ワールド ｜ ヤギ

045

品種改良によって乳牛のミルクの量が約4.4倍に

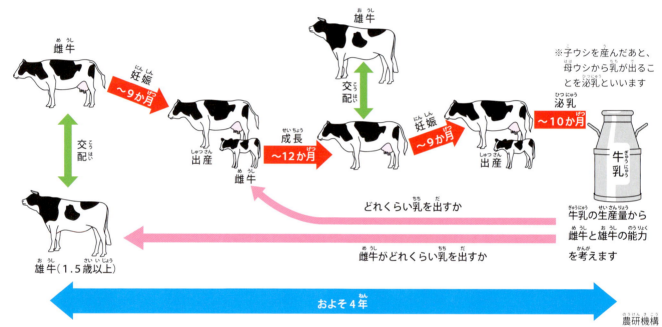

農研機構
バイオステーションHPより

　私たちがよく飲んでいる牛乳（ミルク）は、料理や加工食品などにも使われ、日本中で毎日非常に多くの量が利用されています。これは、たくさんミルクを出す乳牛の血を引くウシどうしをかけ合わせることで、さらにたくさんのミルクを出す乳牛が生まれるという、品種改良が行われたことで成り立っています。ただ、このような品種改良には、ウシが生まれてから子を産めるおとなのウシになるまで育つ時間が必要です。そのため、最低でも4年ほどの時間がかかってしまいます。

　そこで人工授精や胚移植という科学技術の力を利用して、ミルクをたくさん出すウシを誕生させるまでの時間を短くしたり、そうした乳牛を一度にたくさん誕生させられる方法が開発されました。それによって現在の日本では1950年代に比べて、牛乳の生産量が約4.4倍になりました。最近ではさらに、優秀な乳牛の遺伝子の情報を利用した、ゲノム編集の技術も使った品種改良が試みられています。

ニワトリ

6000年前に食用として飼育

ニワトリの先祖は、東南アジア南部のジャングルにすんでいるセキショクヤケイとする説が有力です。オスは、写真のように色あざやか。メスは、卵やヒナを守るために目立たないよう、地味な色をしています。飼育は約6000年前、セキショクヤケイの生息地、東南アジアで始まったとされています。日本へは弥生時代に入ってきたといわれ、おもに鳴き声で朝をつげるトリとしてオスが飼われたと考えられています。

改良前 BEFORE ▶▶

改良度
★★★★☆

- サイズの差 ★★☆
- 見た目の差 ★★☆
- 品種の数 ★★☆

2章

鳥類ワールド ── ニワトリ

野生のニワトリは卵を産むと、ヒナがかえるまで巣で抱いてあたためます。途中で卵が取られると、取られた分だけまた卵を産むという習性があります。ところが、私たちがよく知っている卵用のニワトリは、品種改良によって、ほぼ毎日、1日に1個以上の卵を産むようになりました。肉用のニワトリも、人のさまざまな好みに合わせて、やわらかさや歯ごたえ、味わいがそれぞれ違う品種が生まれています。さらには食用ではなく、美しい姿や鳴き声、勇ましさを楽しむための品種改良も行われました。

改良後 AFTER

大きい写真：碁石チャボ　①ウコッケイ　②名古屋　③ロードアイランドレッド

品種改良のはじまり

西欧ではあまり人気がなかった？

アジアで家禽（家畜とされる鳥）化されたニワトリは、西の国々にも伝わりますが、初めはウシやブタほど大事だとはみられませんでした。ヨーロッパで飼育が始まったのは、18世紀から19世紀頃です。ニワトリがいなかったアメリカには、コロンブスがアメリカ大陸を発見（1492年）したあとに伝わっていましたが、食肉用の品種改良が行われたのは、19世紀の終わり頃でした。いまみたいに世界各国にアメリカのフライドチキンの店があるなんて、当時の人は想像できなかったでしょうね。

江戸時代に花ひらいた品種改良

弥生時代に日本にニワトリがいたことは、長崎県の原の辻遺跡から骨が出てきたことでわかっています。その後の『古事記』や『日本書紀』の「天岩戸伝説」には、長鳴鶏を鳴かせたことが書かれています。平安時代の書物には闘鶏の記録があり、この頃までのニワトリは時をつげる時報用で、観賞用でもあったと考えられます。食用にもなったのは、江戸時代。鎖国によって海外からニワトリが入ってこなくなったので、国内での品種改良が進み、現在の品種のもとが作られました。

伊藤若冲『群鶏図』（江戸時代 明和2年以前 皇居三の丸尚蔵館収蔵）

もっと知りたい！ 殿様が槍を飾りたくて尾羽を長くした?!

オナガドリ

オナガドリとは別種の「小国」。尾羽は長めだが、生えかわる。

江戸時代に土佐藩の藩主、山内公が参勤交代で使う槍の飾りにするために、ニワトリの長い尾羽を集めさせました。そこで、住民の武市利右衛門がオスを品種改良し、長い尾羽をもつオナガドリ（尾長鶏）を作りだします。ふつうのニワトリは1年に1回羽が生えかわりますが、オナガドリは生えかわらず、そのまま伸びて10m以上にもなります。「土佐のオナガドリ」という名で、特別天然記念物に指定されています。

さまざまな役割と品種たち

ニワトリの品種は、卵用、肉用、卵と肉の両方用、観賞用に分けられます。ただ、卵用のニワトリでも、卵を産まなくなれば肉用に利用されます。肉用のニワトリも観賞用のニワトリも卵は産むので、その卵は利用されます。日本の品種改良の特徴は卵や肉だけでなく、観賞用にも力を入れていることです。「日本鶏」と呼ばれ、世界でもめずらしい品種が生まれています。

名古屋
愛知県特産。肉はおいしく卵もたくさん。「名古屋コーチン」とも呼ばれる

ウコッケイ（烏骨鶏）
漢方薬用で有名。白い羽の仲間も皮ふや肉、骨は黒っぽい

ロードアイランドレッド
アメリカ生まれ。じょうぶで卵をよく産む

アローカナ
チリ生まれ。青みがかった卵はおいしい

観賞用
日本では、美しく長い鳴き声、あざやかな羽の色、長い尾羽、勇ましい姿などを楽しむために、数々の品種が生みだされています。

東天紅
美しくすんだ声が自慢。日本三長鳴鶏の一種

碁石チャボ
江戸時代にオランダから来た小型の品種

シャモ（軍鶏）
気性はげしく闘いが得意。観賞用にも食肉用にも

2章 鳥類ワールド ― ニワトリ

インコ

オーストラリアから世界中に羽ばたいた

セキセイインコのふるさとは、オーストラリアの内陸部で、群れをなしてすんでいます。写真は、原種の「セキセイインコ」。黄色い頭と、黄緑の羽に黒いシマ模様が特徴です。このあざやかな色が木の枝葉になじんで、外敵から身を隠してくれます。飼われているインコからは想像できませんが、飛ぶスピードは抜群で、襲ってくるハヤブサたちもかなわないといいます。

改良前 BEFORE ▶▶

改良度 ★★★☆☆

- サイズの差 ★☆☆
- 見た目の差 ★★☆
- 品種の数 ★★☆

2章 鳥類ワールド — インコ

改良後 AFTER

インコの原種の羽は緑系の色をしています。品種改良が繰り返し行われたことで、いろいろな色の羽をしたなかまが生まれました。体の大きさや頭の格好、羽の生え方、クチバシの大きさや形なども変身し、人々の好みに合わせた品種がふえていきました。

大きい写真：セキセイインコ ①オキナインコ ②コザクラインコ ③ブルーボタンインコ

品種改良のはじまり

カラフルな羽の色に驚いたでしょうね！

19世紀終わりにヨーロッパで人工繁殖が始まる

オーストラリア生まれのセキセイインコは、19世紀にヨーロッパに持ち込まれ、その美しさで人々の心を引きつけました。インコは、人工的に繁殖させるのが簡単なので、すぐにペットとして広まります。19世紀の終わり頃にオーストラリアが輸出を禁じたので、ヨーロッパでの人工繁殖がさかんになり、20世紀にはアメリカにも紹介され、世界中で家族の一員としての飼育が流行しました。

『日本書紀』にあるオウムとは、インコのことだった！

奈良時代の歴史書『日本書紀』には、647年に、朝鮮からクジャク1羽とオウム1羽が持ち込まれたと書かれています。のちの研究で、当時オウムと呼ばれていたものは、現在のダルマインコ類、ワカケホンセイインコのような種類だとわかりました。その後のことははっきりしませんが、明治時代に入ってきたインコの羽が、黄色と青だったことから、「背黄青鸚哥」と名づけられました。大正時代にかけて飼育が始まり、一般的になったのは昭和時代。昭和40年～50年（1965年～1975年）代に小鳥のペットブームが起こり、インコの人気が高まりました。

鳥たちには、聞いた音を正確に記憶する能力がある。遊び好きなインコは、飼い主とコミュニケーションするために人間の言葉を覚えるのだ

もっと知りたい！

かしこいヨウムが絶滅する！

ヨウムは、アフリカ西海岸の森林にすむ大型のインコです。人間の4～5歳児と同じくらいの知能があるといいます。アメリカの科学者、アイリーン・ペッパーバーグが「アレックス」と名づけたヨウムに、会話をできるように訓練して成功した話は有名ですね。平均寿命は50年～60年で、もっと長く生きることもあります。それだけに人気がありますが、人工繁殖が難しいことから、野生のヨウムが大量に捕獲されてしまいました。いまでは絶滅の恐れが心配され、野生のヨウムの輸出入は禁止されています。

人気のスター品種たち

インコは、オウム目インコ科。オウムは、オウム目オウム科。とても似ていて、「オカメインコ」のように、名前にインコとついたオウムもあるので、よく間違えられます。頭が丸くて、羽にカラフルな色がついているのがインコ。頭に冠のような羽が生えていて、羽は白や灰色のように地味なのはオウム、と覚えておくといいでしょう。インコの種類は、色、模様、体格や羽毛の生え方によって分けられ、色の名前がついたインコがたくさんいます。

ホンセイインコ
大きさと、あざやかな羽の色が目を引く

コザクラインコ
つがいは仲良し。"ラブバード"とも呼ばれる

オキナインコ
野生種の緑から変身、モノマネ上手

マメルリハインコ
くっきりした色がはなやか、中くらいの大きさ

セキセイインコ（ハルクイン）
せなかのシマ模様が少なく、クリッとした目

ブルーボタンインコ
遊びが大好き、色違いの仲間が多い

インコの仲間オウム

ほっぺたが愛らしい
オカメインコ

オカメインコ

第2章 鳥類ワールド ／ インコ

アヒル

マガモから飛べなくなった水鳥へ

アヒルは野生のノガモ（写真のような現在のマガモと考えられる）が、人に飼われるようになって家禽（家畜とされる鳥）になったものといわれます。中国では3000年前に家禽とされはじめ、ヨーロッパや西アジアに広がりました。

①飛ぶのが得意なマガモ

改良度		
★★★☆☆	サイズの差	★★☆
	見た目の差	★★★
	品種の数	★☆☆

2章 鳥類ワールド

アヒル

アヒルは肉やタマゴを取るために飼われるようになりました。その用途として、肉用種、卵用種、卵肉兼用種に分けられています。高級中華料理に出てくるペキンダックは、ペキンアヒルと呼ばれる卵肉兼用種です。アヒルは体が大きく重くなり、翼も小さくなったため、数メートルしか飛べなくなりました。

大きい写真：シロアヒル ②カユーガアヒル ③インディアン・ランナー ④カンムリアヒル

057

品種改良のはじまり

野生のマガモは3000年前の中国で飼育が始まる

野生のマガモは3000年前の中国で飼育が始まったといわれます。そこからヨーロッパや西アジアに広がり、2000年前に家禽化されるようになりました。日本では平安時代に飼育されていたといわれます。その後江戸末期に、ヨーロッパで品種改良されたものが長崎から入り、1877年（明治10年）にはアメリカからペキンアヒルが入ってきました。

さすがはペキンダックの本場中国ね

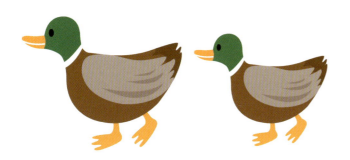

秀吉は水田でのカモの放し飼いをすすめた

安土桃山時代に豊臣秀吉は、水田でカモの放し飼いをすすめたといわれます。現在も見かけるアイガモ農法ですが、カモが泳ぐことで害虫や雑草がふえるのを防ぎ、フンが肥料になり、イネに光合成をうながしたり酸素を与えてくれます。農業を知っていた秀吉は、そんなカモの役割を上手に利用したのですね。

もっと知りたい！

アヒルの名の由来はアヒロから

徳川吉宗の時代に出された『和漢三才図会』（1713年）には、アヒルの名前の由来が記されています。それによると、脚が広いため「アシヒロ」や「アヒロ」から「アヒル」に変化したといわれます。

さまざまな役割と品種たち

アヒルは軽くて断熱性の高い羽毛をもっていることから、それを利用したダウンジャケットや羽毛布団としても重宝されています。また白色の体に黄色いクチバシといったイメージが強いため、品種数も少なそうに思えますが、70種近くと非常に多くの種類がいます。

ダウンジャケットや羽毛布団としても活躍

よく見かけるシロアヒル

世界最小といわれるコールダック

かわいい冠をもつカンムリアヒル

黒みを帯びた緑色のカユーガアヒル

走るのが得意なインディアン・ランナー

2章 鳥類ワールド アヒル

品種改良なるほどコラム2

春が来なければ卵を産まなかった昔のニワトリ

　キリスト教の行事のなかに、イースター（復活祭）という春のお祭りがあるのを知っていますか。卵の殻に絵を描いたり、きれいな色を塗ってお祝いするのを、みなさんも見たことがあるのではないでしょうか。これは十字架にかけられて亡くなったキリストが、3日後に復活したのを祝って行われるものです。ではなぜ卵に絵を描くのかというと、もともとニワトリは春に産卵し、秋の終わりから冬の間は産卵しませんでした。そのため、卵は春の訪れと生命が復活する喜びのシンボルにされたのです。ところが現在は、産卵用のニワトリが品種改良されたため、ほぼ1年中毎日産卵する能力をもつようになりました。現在のニワトリが昔からいたら、卵がイースターのシンボルにはならなかったかもしれませんね。

3章 魚介類ワールド

P62…キンギョ

P66…ネッタイギョ

P70…ニシキゴイ

P74…シンジュ

キンギョ

約1700年前に突然、赤いフナが生まれた

キンギョの原種は中国に生息するジイと呼ばれるフナで、いまから約1700年前、突然変異で生まれた赤いフナから始まったと考えられています。その後、日本やヨーロッパにも伝わり、さまざまな品種が作りだされました。

改良前 BEFORE

改良度		
★★★★☆	サイズの差	★★☆
	見た目の差	★★★
	品種の数	★★☆

3章 魚介類ワールド ― キンギョ

▶▶ 改良後 AFTER

キンギョは、現在では世界中で飼育されるようになりました。日本でもさまざまな品種が作りだされ、大きい写真のランチュウは、魚に本来ある背びれがなく、太い体でゆっくりと泳ぐ姿が、人々に愛されています。

①出目金　②ピンポンパール　③水疱眼

品種改良のはじまり

貴重な魚としてもてはやされた

歴史は古く、最初に記録されたのは、中国の王朝宋代（960年～1279年）にまでさかのぼります。突然変異で生まれたフナをさらに交配して、さまざまな色や模様のフナが作りだされ、宮廷や裕福な家庭で飼育されるようになりました。

江戸時代の金魚売り（Ukiyoe Stock/PIXTA）

> キンギョの三大産地は、奈良県の大和郡山、愛知県の弥富、東京都の江戸川だったが、最近は江戸川にかわって、熊本県の長洲町が有名だ

江戸時代に大流行したキンギョ

日本に伝わったのは1502年、室町時代とされています。その頃は高級品として、一部の貴族だけが飼う観賞魚でしたが、江戸時代になると庶民にも広がり、大流行しました。明治維新以降は、農家などの副業として飼育が行われるようになり、世界にもめずらしい品種が誕生しています。

もっと知りたい！ 外国で作りだされたキンギョ

1800年代になると、キンギョはヨーロッパやアメリカでも人気が高まります。それぞれの国固有のたくさんの品種が作りだされました。

コメット（アメリカ）

ブリストル朱文金（イギリス）

人気のスター品種たち

色、体形、尾の形、うろこ、模様などが異なる個性的な品種がたくさん誕生しました。なかには基準が決められていて、理想的な体形をもつものだけが認められる品種もあります。

和金
すべての金魚の基本。細長い体形が特徴

琉金
ずんぐりした体に優雅な尾ひれ

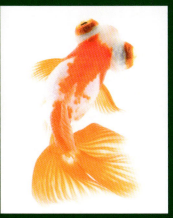

出目金（赤出目金）
生まれて3か月くらいで目がつきだしてくる

丹頂
頭のコブコブがユニーク

ピンポンパール
まんまるい目が愛らしい

水泡眼
目の下に風船がついている?!

3章 魚介類ワールド　キンギョ

ネッタイギョ

あざやかで多様
熱帯から亜熱帯にすむ観賞用の魚たち

熱帯魚とは、水温が25℃前後の亜熱帯や熱帯地方にすむ魚たちのことをいいます。その地域の川や湖で暮らす淡水魚は、野生種だけでも数万種に及びます。また、海で暮らす海水魚も熱帯魚といえます。写真はベタの原種、ベタ・スプレンデンスに近い姿の改良品種。

改良前 BEFORE ▶▶

改良度	サイズの差	★★★
★★★★★	色の種類	★★★
	品種の数	★★★

3章 魚介類ワールド ネッタイギヨ

①マーブルエンゼル

②ソードテール

③ベタ

改良後 AFTER

大きい写真の熱帯魚はグッピーと呼ばれる品種です。グッピーは卵ではなく直接仔魚として生まれるため繁殖させやすく、水槽の中で自然にふえることがあるほどです。性格もおだやかで飼いやすいため、昔から観賞用の熱帯魚としても人気の品種です。

①マーブルエンゼル　②ソードテール　③ベタ

品種改良のはじまり

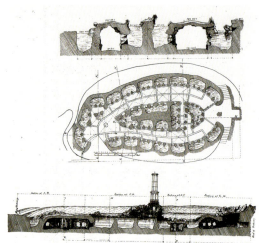

左上の写真はロンドンの第1回万国博覧会。右上は1878年パリ万博の水族館断面図。左下3点は1876年フィラデルフィア万博のアクアリウム。

1851年のロンドン万国博覧会のアクアリウムで人々を驚かせた熱帯魚たち

1851年に世界で初めての万国博覧会がロンドンで行われました。当時のロンドンには、世界中からめずらしい熱帯魚などが集められ、水槽で展示されて人々を驚かせました。現在「水族館」のことをいう「アクアリウム」という言葉は、魚を入れる装置のことを指し、19世紀の万博から使用され始めました。

Copyright © 2010 - 2011 National Diet Library. Japan. All Rights Reserved

日本では1960年代に最初の熱帯魚ブームが！

日本へ最初に熱帯魚が持ち込まれたのは大正時代といわれますが、一般家庭で飼育できるようになって、最初のブームが起きたのが1960年代でした。時代ごとにはやりの品種がありましたが、2000年代にはディズニーの『ファインディング・ニモ』の影響でカクレクマノミが人気になりました。

もっと知りたい！ 水草がにがてな魚もいる!?

一般的に水槽で熱帯魚といえば、水草がつきものと思いがちですが、熱帯魚のなかには水草と相性の悪い魚がいます。アフリカ産のシクリッドと呼ばれるなかまは弱アルカリ性の硬水を好みますが、水草は弱酸性の軟水で育つため水質が合わないのです。写真はシクリッド系品種のアーリーです。

さまざまな人気の品種たち

日本に輸入される熱帯魚は、約7割が南米のアマゾン川からといわれます。そのほかにはアフリカのコンゴ川、東南アジア、オーストラリア、ニューギニア、メキシコといった所から入ってきます。多様な品種がさらに日本で品種改良され、時代ごとにブームを起こしてきました。

ブルーグラス・グッピー
卵ではなく直接仔魚を生む

マーブルエンゼル
野生種に近い

ベタ
呼吸器官をもつ魚

ソードテール
尾ひれの一部が剣のよう

ミッキーマウスプラティ
尾ひれのもとがミッキーマウスみたい

3章 魚介類ワールド ネッタイギョ

069

ニシキゴイ

食用だったコイが観賞魚として世界に広まった

ニシキゴイのもとになったコイの原種については、はっきりしていませんが、ヨーロッパからアジアに広く分布する、黒っぽいコイのなかまだと考えられています。

改良前 BEFORE

改良度

サイズの差	★★☆	
色の種類	★★★	
品種の数	★★☆	

改良度：★★★★☆

3章 魚介類ワールド ニシキゴイ

▶▶ **改良後** AFTER

大きい写真のニシキゴイの先祖は、食用のために養殖していたコイが、突然変異で色あざやかに変身したものです。そのみごとさにひかれた人々は、食用以外に、より美しいコイを選んで育てることで、地色や模様が違うさまざまな品種を生みだしていきました。

①浅黄 ②山吹黄金 ③緋写り

品種改良のはじまり

江戸時代にもカラフルなコイがいた

奈良時代の歴史書『日本書紀』には、景行天皇や推古天皇が池のコイを観賞したことが書かれています。この頃は川魚を食用にしていて、コイもそのひとつ。養殖が行われ、料理法も研究されていました。江戸時代の辞典『本草和名』には、赤、青、黒、白のコイが登場します。突然変異で生まれたものと考えられ、のちのニシキゴイの品種改良につながっていきました。

発祥地、新潟県から世界へ

江戸時代、現在の新潟県山古志と小千谷地域では、棚田の一番上に池を作って水をため、稲作に利用していました。この池でコイを養殖したところ、突然変異で色あざやかなコイが生まれました。ニシキゴイの誕生です。1914年の東京大正博覧会で、「越後の変わり鯉」として紹介され、全国的に有名になりました。いまでは海外での人気も高まって、約6割が輸出向け。2024年には、「全日本総合錦鯉品評会」が開かれ、世界から愛好家が集まりました。

ニシキゴイは早くから生まれていたってことね！

ニシキゴイを育てる山古志の棚田

もっと知りたい！

ミラー・カープ

プラチナ系のニシキゴイ

ミラー・カープでニシキゴイが進化！

私たちが川でよく見かけるマゴイ（真鯉）は、全身をウロコでおおわれていますが、ドイツゴイはウロコが少ないのが特徴。写真のミラー・カープ（鏡鯉）も、体の横側にウロコが不規則に並んでいるだけです。じつは、このミラー・カープと73ページの浅黄や紅白などが交配して、プラチナ系の輝くようなニシキゴイが生まれているのです。おもしろいですね。

さまざまなニシキゴイの品種たち

ニシキゴイの品種は現在、100以上あるといわれています。まず大きく、黄金、紅白、大正三色、昭和三色の4種類に分けられ、それぞれがかけ合わされたり、ほかの品種と交配したりして、さらに細かく分かれます。

紅白 — 白地に赤の模様。早くから養殖が始まった

大正三色 — 白地に赤と黒の模様。生まれたては黄色

昭和三色 — 黒地に赤と白の模様。生まれたては黒色

浅黄 — 青みがかった白地にあみ目。さまざまな品種の親

山吹黄金 — 黄金に黄鯉を交配し輝く山吹色に

緋写り — 赤地に墨色がのってとてもはなやか

3章 魚介類ワールド ― ニシキゴイ

シンジュ

真珠は人類史上最も古い宝石！

貝の体内で自然に作りだされる天然の真珠は、初めからきれいな球体をしているわけではなく、いびつで個性的な形をしています。また天然の真珠は、異物などが偶然貝殻の中に入ることで作られるため、非常に貴重なものでした。写真は、自然に形作られたままの姿を楽しむバロック真珠と呼ばれるものです。

改良前 BEFORE

改良度 ★★☆☆☆

サイズの差	★☆☆	
色の種類	★☆☆	
品種の数	★☆☆	

3章 魚介類ワールド

シンジュ

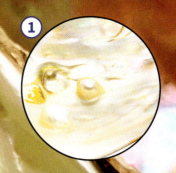
①

③

②

④

改良後 AFTER

現在わたしたちが目にしている真珠は、ほぼ人の手が入った養殖の真珠です。一般的に目にする白い真珠はアコヤ貝などで作られたものが多くをしめますが、クロチョウ貝を使った黒真珠や、淡水で生きるイケチョウ貝などを使った淡水パールなど、貝の特徴を生かしてさまざまな養殖真珠が作られています。大きい写真は、加工された真珠です。

①イケチョウ貝の淡水パール ②コンク貝 ③淡水パール ④黒蝶貝の黒真珠

075

品種改良のはじまり

エジプトでは
紀元前3200年頃から愛好され
クレオパトラは酢にとかして飲んだ!?

真珠は人類が最初に使い始めた宝石といわれます。食料とした貝の中から偶然発見したのがきっかけだったと考えられます。紀元前3200年頃には宝石として知られており、エジプトのクレオパトラが酢に溶かして飲んだ話は有名です。その後中国、ペルシャへと渡り、紀元前300年頃ローマでも使われていた記録があります。15世紀の大航海時代になると、スペインやポルトガルが南米やインド洋などから世界中の真珠をヨーロッパにもたらしました。

クレオパトラ

ヨハネス・フェルメール『真珠の耳飾りの少女』

1907年に
見瀬辰平と西川藤吉が
世界で初めて
真円真珠の養殖に成功した!

真珠の養殖とは、球体にけずった核をがいとう膜と一緒にアコヤ貝の体内に入れ、真珠の層を作らせるという技術です。1905年に御木本幸吉は英虞湾で、半円の核をもつ養殖真珠の生産に成功し、1896年に特許を取得。1907年に西川藤吉と見瀬辰平が、世界で初めて真円真珠の特許技術を開発しました。

真珠の養殖イカダが浮かぶ英虞湾

「養殖真珠の特許を世界で最初に取ったのは日本人だったのね」

もっと知りたい！

天然真珠の見つかる確率は
なんと1000分の1!?

自然界のなかで偶然によって作りだされる天然の真珠は、見つかる確率が1000分の1といわれます。つまり1000個の貝の中から、1つ発見できるというもの。そんな貴重な天然真珠ですが、古代中国で書かれた「魏志倭人伝」には、卑弥呼の娘が魏の王に、5000個の真珠を贈ったと記されています。気が遠くなるほどたくさんの貝から取ったのですね。

さまざまな真珠の役割と貝の品種

真珠は宝飾品としてだけでなく、呪術や薬としても使われていました。中国では漢方薬として長年利用され、江戸時代頃から日本でも、解熱剤や強心薬、痛み止めなどに利用されてきました。また結婚式や葬式といった大切な場では、女性が身につける宝飾品として真珠が使われます。

ピンク真珠のネックレス

黒真珠の指輪

黒真珠のイヤリング

アコヤ貝
真珠で最も多く使われる

コンク貝
ピンク真珠ができる

黒蝶貝
黒真珠ができる

イケチョウ貝
淡水パールを作る

3章
魚介類ワールド ― シンジュ

八重咲きチューリップ

4章 果物ワールド

P90…ブドウ

P82…スイカ

P86…イチゴ

P94…カンキツ

P98…リンゴ

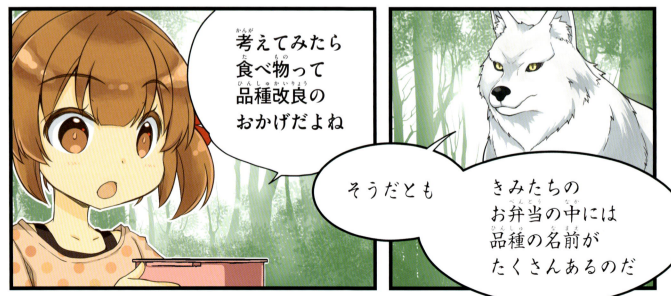

スイカ

4000年前に古代エジプトで栽培されていた

スイカが生まれたのは、南アフリカのカラハリ砂漠あたりといわれます。約4000年前、文明の発達したエジプトで栽培されていました。中近東や中央アジアなどの乾燥地帯を通って、11世紀頃中国に、ほどなく日本にも入ってきたようです。大きい写真はカラハリ砂漠で育つカラハリスイカ。地域によって形や模様は異なります。（小さい写真提供：ユーグレナ）

改良前 BEFORE

改良度 ★★★☆☆

サイズの差	★☆☆
見た目の差	★★☆
品種の数	★★★

4章 果物ワールド — スイカ

① クールチャージ潤　② 金福　③ サマーオレンジ ミドル
大きい写真：祭りばやし

改良後 AFTER

スイカの品種は見た目の違いから大玉、小玉、黒皮といった種類があり、さらに中身の果肉も色の違いで赤肉、黄肉、白肉などに分けることができます。品種改良によりさまざまな種類が生まれ、歯ごたえや味わい、タネのないものなど、いろいろできています。

品種改良のはじまり

『鳥獣戯画（部分）』出典：国立国会図書館

江戸時代に描かれた西瓜（『成形圖説』国立国会図書館デジタルコレクション）

日本は唐の時代の中国と交易をしていたから、スイカも入ってきたのだね

唐の時代に中国から日本に入ってきた？

スイカが日本にいつ頃入ってきたかはっきりしたことはわかっていませんが、11世紀頃に鳥羽僧正が描いたといわれる『鳥獣戯画』の中には、縞皮スイカらしきものをウサギが持っている姿があります。ひょっとしたら南アフリカから中東を経て中国に伝わって、それほどたたずに日本にも入ってきたのかもしれません。

もっと知りたい！

その形から名づけられた ゴジラのたまご

北海道月形町で1991年に登場した「ゴジラのたまご」。ナショナルスイカという品種ですが、大きな恐竜の卵のような形からヒントを得て、この名前がつけられました。たくさんの人に楽しんでもらえるように、作る人たちもいろいろ知恵をしぼっているのですね。

四角いスイカが観賞用として発売

1970年代頃には、色や形もさまざまに人の目を引く、おもしろいスイカが登場しました。香川県善通寺市では、観賞用として実が小さいうちに立方体の容器に入れて育て、四角スイカを生産。1個1万円もしましたが、海外からも人気でした。

084

人気のスター品種たち

現在日本にはスイカの品種が150種以上あります。中身は赤肉、黄肉、白肉種の3つですが、品種の90%はみんながよく知っている赤肉種です。タネなしスイカや、冷蔵庫にすっぽり入る小さな小玉スイカなども開発され、味わいや甘さはもちろん見た目もさまざまなものが生まれました。

ひとりじめ
皮が薄く、おいしさがぎっしり詰まった小玉スイカ

タヒチ
皮は真っ黒、果肉は紅赤色で甘い

金色羅皇
黄金に輝いて甘い

サンダーボルト
黄肉にはめずらしいコクのある大玉スイカ

こんなに違う「ぷちっと」とふつうのスイカのタネ（写真提供：萩原農場）

タネもプチっとおいしく楽しく

「スイカは大好きだけど、タネがちょっと…」という人も多いことでしょう。そんな人たちのために20年かけて誕生した、「ぷちっと」という品種があります。ふつうのスイカのタネよりずいぶん小さくて、目立ちません。これなら、だれでも思いっきりかぶりつけそうですね。

イチゴ

石器時代から食べられていた！

改良前 BEFORE

石器時代から食べられていたというイチゴですが、現在のイチゴの祖先は19世紀初め頃、南米原産のチリ種と北米原産のバージニア種をかけ合わせてフランスで生まれた、オランダイチゴです。栽培されたイチゴが日本に入ってきたのは、江戸時代の長崎に来航したオランダ船が最初でした。そのため日本では、オランダイチゴと呼ばれるようになりました。大きい写真のイチゴは、オランダイチゴとは異なるヨーロッパ原産のフラガリア・ヴェスカ。

大きい写真：フラガリア・ヴェスカ（写真提供：Pixabay）
①野生種フラガリア・チロエンシスの花　②野生種フラガリア・バージニアナの花（写真提供：農研機構）

改良度

サイズの差	★★☆
見た目の差	★★☆
品種の数	★★★

★★★★☆

4章 果物ワールド ― イチゴ

改良後 AFTER

日本のイチゴは、そのおいしさで世界中から注目されています。とくに戦後の日本では、ハウス栽培に向くさまざまな品種が開発され、北海道から九州まで広く作られるようになりました。国内の品種開発競争により、日本のイチゴは味がみがかれ、いろんな種類が生まれました。日本の品種登録数は現在、310種（2024年6月）です。

大きい写真：紅ほっぺ　③初恋の香り　④淡雪　⑤紅ほっぺが大きくなった「でかほっぺ」（写真提供：JAあいち三河）

品種改良のはじまり

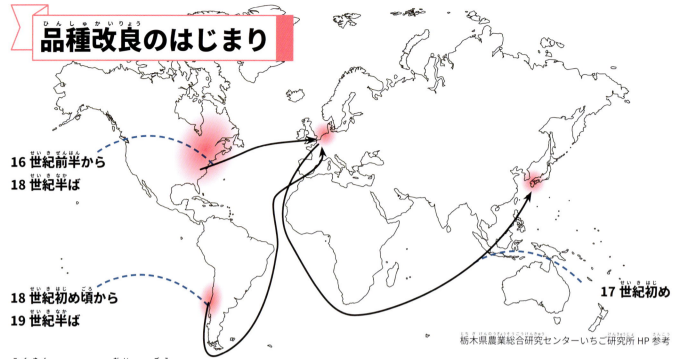

16世紀前半から
18世紀半ば

18世紀初め頃から
19世紀半ば

17世紀初め

栃木県農業総合研究センターいちご研究所HP参考

国産イチゴ第1号は？

日本で開発された品種第1号は、1900年（明治33年）に皇室の農園だった「新宿植物御苑」（現在の新宿御苑）で、農学博士の福羽逸人（写真）が開発しました。彼は大変な苦労のすえ、フランスで改良された「ジェネラル・シャンジー」から「福羽」を誕生させました。

イチゴはどこからやってきた？

現在栽培されているイチゴの先祖は、北米東部原産のフラガリア・バージニアナと南米チリ原産のフラガリア・チロエンシスがヨーロッパで交雑されて生まれました。これを江戸時代の後期、オランダ人が長崎の出島に持ち込んだことから、オランダイチゴとして知られるようになりました。

もっと知りたい！

イチゴは花の中で育つ!?あのつぶつぶは何？

わたしたちがふだん食べているイチゴというのは、じつは果実ではありません。花の中心にある雌しべの土台である、花托と呼ばれる部分がふくらんで大きくなったものです。そして、この花托のまわりにある痩果と呼ばれる小さなつぶつぶこそが、本来の果実なのです。

イチゴの実の構造

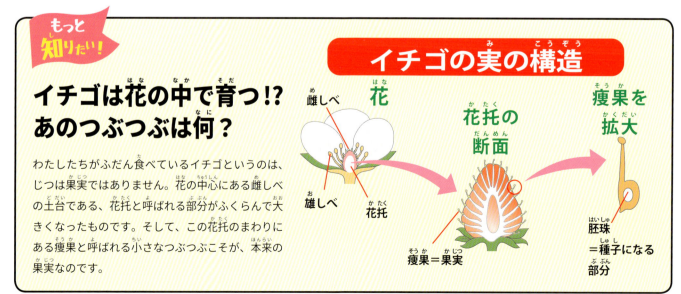

088

世界が注目する日本のイチゴ品種

食味マップ

300種以上ある日本のイチゴ、何日で全部食べられるかな

↑ 酸味もある

← やわらかめ　　かため →

↓ 甘み強い

とちおとめ
栃木県育成のイチゴで、生産量も日本一。主に東日本で栽培されています

おいCベリー
しっかりした食感。熊本県の農研機構で、ビタミンCの量が多く作られた品種です

あまおう
福岡県育成で、生産量は2位。名は、「あまい・まるい・おおきい・うまい」の頭文字から

紅ほっぺ
静岡県のオリジナル品種。甘みと酸味のバランスがいい

ゆうべに
熊本県育成で、生産量は3位。甘みと酸味のバランスがよく、味も濃厚です

とちあいか
栃木県の10番目のオリジナル品種。甘みが強く、ハートの形が愛らしい

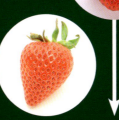

章姫
静岡県育成の、ほっそりしたお姫様。甘い果汁がたっぷり

あまりん
埼玉県のオリジナル品種。糖度が高く、味も濃厚

（『野菜と果物 すごい品種図鑑』参考にして更新）

第4章 果物ワールド ── イチゴ

ブドウ

人類最古の栽培果実はシルクロードから日本へ

ブドウは、黒海とカスピ海にはさまれたコーカサス地方で紀元前3000年頃に栽培が始まり、世界に広がっていきました。日本へは、シルクロードを渡ってやってきました。写真はヨーロッパブドウの野生種、ヴィティス・ヴィニフィラ・シルベストリス。日本にも野生種として、ヤマブドウやエビヅルがあります。

改良前 BEFORE

改良度
★★★★☆

サイズの差	★★☆
見た目の差	★★★
品種の数	★★★

4章

果物ワールド

ブドウ

▶▶ **改良後 AFTER**

現在世界にはブドウの品種が1万種以上あるといわれます。人が栽培を始めた果実としては、最古のものといえます。日本では生食用が中心なのに比べ、海外ではワイン用にも多く利用されます。水が貴重な地域では飲み水がわりにブドウを食べていたことから、ブドウジュースが作られ、ブドウジュースからワインが作られることにもなりました。

大きい写真：巨峰　①ブラックサファイア　②マイハート　③サンシャインレッド　（写真提供：山梨県）

091

品種改良のはじまり

ブドウをかかげる
ディオニソス

5000年前にコーカサス地方で栽培
『旧約聖書』にも出てくるブドウ

ブドウは果物というよりワインとして、メソポタミア文明や古代エジプトでも好まれました。『旧約聖書』では、「神がブドウを造り、人間がブドウからワインを造った」と書かれています。日本に入ってきたのも古く、718年に行基というお坊さんが甲斐国勝沼（山梨県甲州市）で栽培を始めたという説と、1186年に雨宮勘解由という勝沼の住人が始めたという説などがあります。

近鉄奈良駅前の行基菩薩像

山梨県がブドウの栽培に向いてたのかな？

もっと知りたい！

出典：農林水産省 Web サイト：https://www.maff.go.jp/j/use/link.html

江戸時代から人気の甲州銘菓「月の雫」

江戸時代から人気の、「月の雫」という甲州銘菓を知っていますか。山梨県のブドウを代表する品種「甲州ぶどう」を使って、1粒ずつ砂糖でつくられた白い蜜でくるまれています。甲州ぶどうは皮が厚く、病気や暑さに強く、適度な酸味もおいしさの秘密です。江戸時代に出された旅案内の冊子にも、銘菓として紹介されていました。

さまざまな役割と人気品種

世界的に見るとブドウは、ワインとしての生産量のほうが多い果実です。生食用として栽培される品種とワイン用の品種は特徴が違います。日本人が好きな「シャインマスカット」や「巨峰」といった食用品種は、水分量が多く、酸味が少ないのが特徴です。ワイン用の品種は小粒で、甘みも酸味もしっかりしています。それがおいしいワインになる秘密でもあるのです。

ワインやジュース、ジャムとしても活躍

人気品種たち

ピオーネ
粒が大きく甘みたっぷり

シャインマスカット
33年かけて誕生した人気品種

デラウエア
明治時代から親しまれるタネなし化に初めて成功した品種

マスカット・ベーリーA
ワイン用だけでなく生食用にも

4章 果物ワールド ブドウ

カンキツ

古代からなじみのある果実として利用されてきた

カンキツとはミカン科のカンキツ属、キンカン属、カラタチ属果実の総称です。約3000年前に、中国の中南部からインド北東部あたりを中心に自生し、人や鳥類などが運んで世界中に広がったと考えられます。日本の野生種では直径3cmほどのタチバナがありますが、現在では絶滅が心配されています。写真は枝先に実をつけたタチバナです。

改良前 BEFORE

改良度

サイズの差	★★★
見た目の差	★★☆
品種の数	★★☆

★★★★☆

4章 果物ワールド

カンキツ

改良後 AFTER

スーパーマーケットなどでみんながよく目にするミカンは、温州みかん（大きい写真）と呼ばれるものです。ハウス栽培のものもあるため一年中見ることができます。カンキツの種類は、ミカン類、オレンジ類、ブンタン類、ユズやレモンなどの香酸柑橘類とさまざまなものがあります。

①タロッコ　②キンカン　③仏手柑

095

品種改良のはじまり

古代エジプトではミイラ作りの抗菌剤としても使われた!?

ええっ!?
菌の働きを
おさえる力も
あるのか!?

イラストはイメージです

ツタンカーメンのマスク

1400年前に偶然九州の長島で生まれた温州みかん

温州みかんの花

カンキツはインド北東部のアッサムを中心とする地域から、中国やインドを経て世界中に広まりました。食用以外では、菌の繁殖を防ぐカンキツの効果を活かして、ミイラ作りに利用したり、インドでは洗浄や洗髪剤としても使われました。日本では昔から野生種のタチバナがありましたが、温州みかんが約1400年前に九州の薩摩(いまの鹿児島県長島町)で偶然生まれ、独自の品種として世界に広まりました。英語圏の国では温州みかんを「サツマ・マンダリン」と呼んでいます。

もっと知りたい!

巨大な晩白柚は文旦グループの品種

カンキツ類のなかでも、世界最大級の大きさをもつ晩白柚。直径が25cmで重さ2kgくらいのものもあります。同じカンキツでも分類としては、グレープフルーツと同じ文旦類に属していて、ミカンのグループとは違います。原産地はマレー半島ですが、現在は熊本県八代地方の名産となっています。

さまざまな役割と品種

カンキツはそのさわやかな香りや菌の繁殖をおさえる力などもあるため、食用以外に香水としても利用されています。また昔からジュースとしても親しまれており、日本で最初の缶入り飲料はオレンジジュースでした。果皮を乾燥させた陳皮は、胃腸を整える漢方薬やスパイスとして使われ、七味唐辛子にも加えられます。日本で生産されているカンキツは、温州みかんだけでも117品種にのぼります。

オレンジ、レモンなどシトラス（柑橘系）香水

オレンジジュース

陳皮などスパイス

さまざまな品種たち

伊予柑
山口県で発見され愛媛県で栽培された
突然変異で早生になった宮内伊予柑が主流

シークヮーサー
沖縄独自の野生種と中国大陸の野生種とが沖縄で交雑して誕生

愛媛果試第28号（紅まどんな）
皮が薄くてやわらかく果汁たっぷり

不知火（デコポン）
清見とポンカンとの交雑から生まれた

第4章 果物ワールド — カンキツ

097

リンゴ

最初の栽培はなんと新石器時代！

リンゴの原産地は、コーカサス地方から中国天山山脈にかけてといわれます。栽培のはじまりは約8000年前とみられ、炭化したリンゴがトルコで発掘されています。そして約4000年前には、人によって栽培されるようになりました。日本では平安時代の中頃（918年）にリンゴの名前が記録されています。写真は、長野県上水内郡飯綱町の天然記念物の和リンゴ「高坂リンゴ」。明治時代頃まで栽培されていたピンポン球サイズの在来種で、皇居東御苑にも植えられています。（写真提供：糸井琢眞）

改良前 BEFORE

改良度

★★★★☆

サイズの差	★★★
見た目の差	★☆☆
品種の数	★★★

4章 果物ワールド ― リンゴ

改良後 AFTER

日本で現在のような西洋リンゴが作られるようになったのは、150年ほど前の1871年（明治4年）のことです。西洋での歴史に比べると、まだ最近のことといえます。大きな写真は日本で生まれた「ふじ」で、現在世界一の生産量をほこる人気の品種です。国内品種生産量のなかでも50％以上を占めています。

①なかののきらめき　②こうとく　③アルプス乙女

品種改良のはじまり

ローマ時代にはリンゴ品種の載った本が出版されていた

紀元前3000年頃のナイル川の周辺には果樹園があり、ギリシャ時代には繁殖させる方法が書かれ、ローマ時代になると品種の載った本が出されています。西洋では昔からリンゴは貴重な食料で、なじみの深いものでした。ウィリアム・テルが自分の子どもの頭にリンゴをのせて矢で射落としたというスイスの伝説や、イギリスのアイザック・ニュートンがリンゴが木から落ちるのを見て、「万有引力の法則」を発見したことは有名ですね。ちなみに、このリンゴは「フラワー・オブ・ケント」という品種です。

生産量世界一の品種を創り出した日本

日本で栽培が本格的に始まったのは、明治時代。黒田清隆がアメリカから75品種を持ち帰って、北海道で試験栽培が行われました。このときに日本名をつけられたのが、「紅玉」「国光」です。昭和時代の1958年には、「東北7号」という品種が生まれ、1962年に「ふじ」と名づけられます。「ふじ」は果汁がたっぷりで甘く、長く貯蔵できることなどから人気が高く、2001年には生産量世界一になりました。

> 日本は遅いスタートだったけど、なかなかやるわね

手前左：秋映　手前右：シナノスイート　奥：シナノゴールド

長野の「りんご三兄弟」

長野県には、いろいろなオリジナル品種があります。なかでも「秋映」「シナノスイート」「シナノゴールド」は収穫時期が順番になるので、「りんご三兄弟」と呼ばれ、人気があります。秋映は9月下旬頃、シナノスイートは10月上旬頃、シナノゴールドは10月中旬頃から違った味わいが楽しめます。

「ふじ」と「サンふじ」はどう違う？

リンゴの品種名には、「サン」がつくものとつかないものとがあります。サンは、英語で太陽のsunの意味で、袋がけをしないで太陽をあびて育つ品種の名前につけられます。サンがつかない品種は、実が小さいうちに袋をかぶせて、収穫する1か月ほど前に袋をはずします。こうすると見た目がきれいで、長く貯蔵できるリンゴになります。袋をかぶせないサンふじは太陽の光をじゅうぶん浴びるので、甘みが強くなります。

人気のスター品種たち

現在日本でのリンゴの品種の数は2000種ほどといわれますが、そのなかで50％以上と断トツの生産量を誇るのが、世界的に人気の「ふじ」です。そのほかにも有名な品種として、青リンゴの「王林」や黄色の「シナノゴールド」、赤系の「ジョナゴールド」といった色や形、味もさまざまな品種が生まれています。

王林
独特の甘い香りが人気

つがる
出回り時期の早さはトップ級

紅玉
アメリカ生まれで、もとの名はジョナサン。1871年から日本へ

ジョナゴールド
父親は紅玉で、アメリカ生まれ。生産量は国内4位

ムーラン・ルージュ
めずらしい果肉の色が人気

ぐんま名月
甘みが強く、適度な酸味がさわやか

4章 果物ワールド ― リンゴ

品種改良なるほどコラム3

東日本の「とちおとめ」vs 西日本の「あまおう」の東西決戦！

●＝日本三大イチゴのふるさと

（出典：農林水産省「作物統計」、農林水産省広報誌「aff 2019年12月号 特集1 いちご」より）

　現在300種以上あるといわれているイチゴの品種は、栃木県育成の「とちおとめ」と福岡県育成の「あまおう」が、数あるなかでもワンツーフィニッシュとなっています。それは生産者たちのたゆまぬ品種改良への努力があったからこそ。そもそもイチゴは、日本では第二次世界大戦後しばらくは高級品でしたが、1980年代後半から1990年代にかけて、広く栽培が進みます。栃木県では「女峰」、福岡県では「とよのか」が誕生しました。生産者たちは、より甘くおいしくとさらに品種改良をし、「女峰」は「とちおとめ」に、「とよのか」は「あまおう」へと代表の座を譲っていったのです。そしていま、「とちおとめ」は新品種「とちあいか」に代表の座を譲り、「あまおう」は同じ名前のままで、さらにおいしく改良が重ねられています。

5章 野菜ワールド

P104…トマト

P116…ダイコン

P108…カボチャ

P120…ジャガイモ

P112…キャベツ

P124…トウモロコシ

トマト
野生のマイクロトマトが突然変異で大玉に

トマトの先祖は、現在のミニトマトより小さく、写真のように直径が1〜2cmの、マイクロトマトのような姿でした。小果樹系のスグリに似ているので、「カラントトマト（スグリトマト）」とも呼ばれ、熟すと赤や黄色になります。

改良度	サイズの差	★★★
★★★★★	見た目の差	★★★
	品種の数	★★★

①

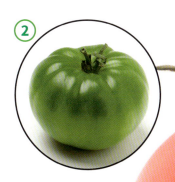

②

5章

野菜ワールド

トマト

③

▶▶

改良後 AFTER

大玉トマトは、野生のマイクロトマトが突然変異したものです。偶然できた大玉トマトのタネをとって栽培を続けるなかで、私たちが食べているさまざまなトマトができました。こうして大玉トマトの品種改良が進むにつれ、ミニトマトのよさも見直されることになりました。いまでは色も形も味わいもずいぶんバラエティー豊かになっています。

大きい写真：桃太郎　①トスカーナ・バイオレット　②エバーグリーン　③アイコ

105

品種改良のはじまり

アステカ王国で本格的な栽培が始まった

トマトのふるさとは、南アメリカのアンデス山脈が連なる太平洋沿岸と、その沖のガラパゴス諸島です。栽培が始まったのは紀元前からともいわれますが、はっきりしていません。15世紀に栄えたアステカ王国（現在のメキシコ）では、トマトを栽培して食べていました。1519年にアステカに侵攻し、トマトのタネを持ち帰ったスペイン人の記録が残っています。

江戸時代に「唐なすび」として描かれたトマト（狩野探幽『草花写生図巻』部分 1668年）東京国立博物館蔵
Image:TNM Image Archives

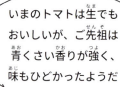

いまのトマトは生でもおいしいが、ご先祖は青くさい香りが強く、味もひどかったようだ

ヨーロッパから長崎にやってきたトマト

日本に伝わったのは、17世紀。オランダから長崎にやってきました。初めは観賞用で、「唐なすび」とか「唐柿」と呼ばれていました。食用になったのは、幕末から明治時代になってからです。昭和初期には、ヨーロッパやアメリカの品種の栽培が広がって、1930年代に本格的になっていきます。

もっと知りたい！ 長い間きらわれていたトマトが世界中で愛されるように

スペインに渡ったトマトは、マンドラゴラ（マンドレイク）という毒草と同じナス科だったことからきらわれ、長い間、貴族たちの観賞用としてだけ育てられていました。ところが、飢えに苦しむ貧しい農民たちが、しかたなく食べたことから、栽培がはじまります。そして18世紀になってやっと、だれもがトマトを食べるようになりました。イタリアではトマト料理がもてはやされ、いろいろな品種ができます。それがアメリカに伝えられ、トマトはいまでは、世界中で最も食べられる野菜のひとつになったのです。

さまざまな役割と品種

トマトには、生で食べても、調理しても、また保存していつでもおいしく食べられる品種がたくさんあります。18世紀に南ヨーロッパで食べられるようになってから改良が進み、加工用にも多くの品種が生まれました。生食用には保存しやすく、長距離輸送でもいたまないもの。加工用には、味も収穫量もいいもの。収穫するときにヘタをとる手間がいらないものもつくられています。

生食

アメーラ（中玉）
静岡の言葉「甘いでしょ」が名前に

桃太郎ゴールド（大玉）
さっぱりとした甘みと大玉にはめずらしい色

フルティカ（中玉）
甘くてなめらかな食感

ブッラディタイガー（ミニ）
プラムのようにパリッとした歯ざわり

調理・加工

グリーンゼブラ
緑の濃淡色がさわやかな、酸味があるトマト

シシリアンルージュ
加熱するとさらにおいしい

サンマルツァーノ
うまみが濃厚で、まるごと加工しやすい形

乾燥させてドライトマトにも

5章 野菜ワールド トマト

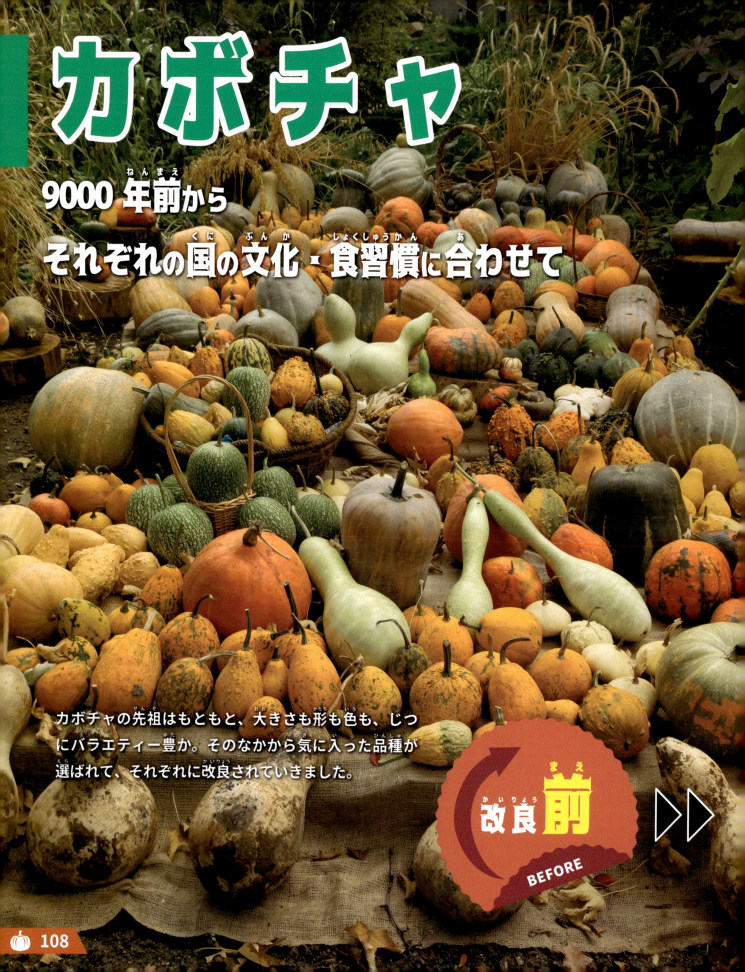

カボチャ

9000年前から
それぞれの国の文化・食習慣に合わせて

カボチャの先祖はもともと、大きさも形も色も、じつにバラエティー豊か。そのなかから気に入った品種が選ばれて、それぞれに改良されていきました。

改良前
BEFORE

改良度 ★★★★☆	サイズの差	★★★
	見た目の差	★★☆
	品種の数	★★☆

5章 野菜ワールド

カボチャ

▶▶ 改良後 AFTER

カボチャには大きく分けて、「ニホンカボチャ」「セイヨウカボチャ」「ペポカボチャ」があります。現在日本で売られているほとんどのカボチャは、アメリカからやってきた「セイヨウカボチャ」の子孫です。日本の風土や食習慣に合わせて改良され、さまざまな日本品種が生まれました。大きな写真は、よく見かける「えびすカボチャ」で、ゴツゴツした原種から、なめらかな皮に変身しています。

①宿儺かぼちゃ ②プッチーニ ③バターナッツ

品種改良のはじまり

宗麟カボチャが日本のカボチャのご先祖？

カボチャは、南北アメリカ大陸で生まれました。栽培の歴史はとても古く、ペルーで紀元前4000年〜3000年頃の、メキシコで紀元前1440年頃の遺跡から、カボチャのタネや、実の形をした土器が見つかっています。日本には16世紀に長崎にやってきたポルトガル人が、豊後国（現在の大分県）のキリシタン大名、大友宗麟にタネを贈ったのが、栽培のはじまりといわれています。カンボジア経由でやってきたことから、「カボチャ」と呼ばれるようになりました。

ある日突然、ひょうたんの形に！

江戸時代の末期、津軽のカボチャのタネを、京都の鹿ケ谷で栽培を始めたところ、数年後に突然、ひょうたんの形をしたカボチャができました。これが、「鹿ケ谷かぼちゃ」で、明治時代は、京都の代表的な品種でした。昭和時代は、ふつうのカボチャが主流になりましたが、伝統野菜として、復活しています。熟すにつれて、皮が緑色からオレンジ色に粉がふいたようになります。

「ズッキーニ」と「韓国カボチャ」はよく似ているが、まったくの別ものなのだ

鹿ケ谷かぼちゃ

もっと知りたい！ カボチャの仲間ズッキーニと韓国カボチャ

キュウリのような形のズッキーニは、ペポカボチャのなかまです。19世紀後半にイタリアで改良されて細長い形に変身。20世紀に広く知られるようになりました。ズッキーニに似ている韓国カボチャは、ニホンカボチャの仲間で、韓国生まれ。ズッキーニよりやわらかく、甘い品種もあります。どちらも、熟れる前に収穫します。

ズッキーニ

韓国カボチャ

さまざまな役割と品種

ニホンカボチャもセイヨウカボチャも、生まれはアメリカ大陸です。デコボコした形のニホンカボチャは水分が多く、ねっとりしてあっさりした味わいです。セイヨウカボチャは、丸くツルツルして水分が少なく、ほくほくして甘みがあります。花やタネもおいしくいただけます。大きさ、形、味わいが異なる多くの品種が作られ、料理だけでなく、ハロウィンの行事などでも楽しまれています。

5章

野菜ワールド ― カボチャ

実を食べる

坊ちゃん
手のひらサイズをまるごと料理

小菊カボチャ
味がしみやすく煮くずれしにくい

ロロン
クリのように甘く、きめこまか

雪化粧
白い皮はデンプンで、ホクホク感が強い

そうめんかぼちゃ
加熱すると、そうめんみたいにほぐれる

コリンキー
生で皮ごと食べてもOK

花・タネを食べる

料理には雄花を朝に摘んで

乾燥させて炒ると外皮がむきやすい

楽しむ　カボチャで遊ぶ、育てて競う

ハロウィンのカボチャのお化け

アトランティック・ジャイアント
ギネス最重量記録は1247kg（2023年）で、乳牛ホルスタイン種より重い

ペポカボチャ
おもちゃカボチャ。タネを食べてもOK

111

キャベツ

地中海で生まれた葉っぱが偶然丸く巻いた

キャベツの原種は、写真のヤセイカンランです。紀元前600年頃、ケルト人が栽培して、ケールを作りだしました。栽培の途中で、偶然に丸く巻いたキャベツができることがあります。そのタネを育ててふやすことを繰り返しているうちに、球の形になるキャベツが、安定してできるようになったと考えられます。

改良前 BEFORE ▶▶

改良度 ★★★★☆

サイズの差	★★★☆
見た目の差	★★★☆
品種の数	★★☆☆

5章 野菜ワールド

キャベツ

改良後 AFTER

葉が巻いて球の形になったキャベツは、品種改良によって、収穫の時期や巻きのかたさ、大きさ、色などが異なる、さまざまな種類に生まれ変わりました。また、葉だけでなく、いろいろな部分を味わおうと、部分部分を発達させる栽培が行われました。そのおかげで、原種からは想像もつかない品種がたくさんできて、私たちの食生活はずいぶん豊かになりました。

大きい写真：冬キャベツ　①紫キャベツ　②芽キャベツ　③サボイキャベツ

113

品種改良のはじまり

キャベツの力、見直さなきゃ！

昔もいまも健康にいい植物

キャベツの原産地は、地中海、大西洋沿岸です。約2500年以上前に、ヨーロッパに侵入したケルト人によって、栽培が始まったと考えられています。キャベツは古くは、薬草として利用されていました。古代ギリシャの医師、ヒポクラテスは、キャベツが薬の働きをすることを説いています。古代ローマの政治家、マルクス・ポルキウス・カトーも、キャベツについて熱心に書き記しています。現在もキャベツの成分、ビタミンUを利用した胃腸薬がありますね。

千切りキャベツは日本人が食べだした?!

江戸時代前期、キャベツはオランダ人によって長崎へもたらされ、「オランダ菜」とも呼ばれました。しばらくは観賞用としてだけ栽培され、江戸時代中期、熱心な園芸家たちが改良して、ハボタンが誕生します。野菜として栽培されるようになったのは、明治時代になってから。洋食店がトンカツのつけ合わせに千切りキャベツをそえたことから、世界ではめずらしい習慣が広まりました。

もっと知りたい！ いろんな部位がいろんな品種になった

キャベツ 突然変身して葉が巻いた

ブロッコリー 花のつぼみが集まった

カリフラワー 花のつぼみがかたまった

芽キャベツ 葉のつけ根に芽ができて球になった

ヤセイカンラン キャベツの仲間のご先祖さま

カイラン 花の若い茎を育てた

ハボタン 葉が巻かずに色がついた

コールラビ 茎の一部が球になった

さまざまな役割と品種

巻きがしっかりした冬キャベツと、巻きがゆるく葉の枚数が少ない春キャベツがあります。冬キャベツは甘みがあり、炒めものやシチューなど加熱料理に向いています。春キャベツは葉がやわらかくみずみずしいので、生で食べてもおいしいものです。キャベツは、酢漬けにしたり、生のまま冷凍したり、調理して冷凍したり、さまざまな保存ができます。日本生まれのハボタンは、いまでも品種改良が進められ、色も形も大きさもみごとに違う種類が生まれています。

5章 野菜ワールド ― キャベツ

食べる

春キャベツ
やわらかく、生で食べてもおいしい

グリーンボール
まんまるい形が特徴の丸玉キャベツ

カーボロネロ
苦みが特徴。黒キャベツとも

みさき
やわらかくて甘く、サラダ向き

プチヴェール
日本生まれの芽キャベツとケールの子ども

見て楽しむ

ハボタン
江戸時代に日本で誕生

観賞用としてさまざまな美しい品種が作られ、正月飾りだけでなく、いろいろなアレンジメントが楽しめます。

ダイコン

古代エジプトで食べていたハツカダイコンから大変身

改良前 BEFORE

ダイコンのふるさとは、地中海沿岸から黒海にかけての地域とされています。先祖は、現在のハツカダイコン（二十日大根）のなかまです。古くから大切な作物のひとつとされ、ユーラシア大陸全体に広まり、そのほかの地域にも伝えられました。写真は野生種とする説が有力になっているハマダイコン。

改良度	サイズの差	★★★
★★★★☆	見た目の差	★★★
	品種の数	★★☆

5章

野菜ワールド

ダイコン

①

②

③

▶▶ 改良後 AFTER

ヨーロッパの品種は、ハツカダイコン（ラディッシュ）や黒ダイコンのように小型のものが多いのですが、アジアでは根が大きく発達した品種も作られました。日本は、大きくて白く、長いダイコンが主流ですが、小型のものや、赤、緑、紫、黄、黒のもの、丸いものなど、たくさんの品種が生まれています。

大きい写真：青首ダイコン　①紅くるり　②黒丸ダイコン　③ハツカダイコン

117

品種改良のはじまり

ダイコンはピラミッド建設の エネルギー源？

エジプトでは、早くからダイコンを栽培していました。ピラミッドの壁画にダイコンが描かれ、ピラミッドの建設にたずさわった人々に、ニンニクやタマネギとともにダイコンが配られた記録があるといいます。ヨーロッパで栽培が始まったのは、15～16世紀だとされています。

> 生のまま、かじったのかなぁ？

江戸時代、品種数ナンバーワンに！

日本には、縄文時代から弥生時代にかけて中国から伝わったといいます。栽培が始まった時期ははっきりしませんが、奈良時代の『古事記』や『日本書紀』に、ダイコンが登場します。一般に広まったのは江戸時代で、野菜のなかでは、品種の数が最も多かったとされています。凶作にそなえて保存するために、漬けものや、切り干し大根などの加工も行われました。

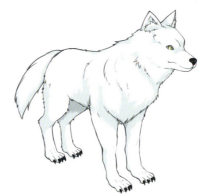

江戸時代に描かれた青首ダイコンの先祖、宮重大根
（『成形図説』国立国会図書館デジタルコレクション）

> カイワレダイコンは芽が出たばかりの葉と軸の部分だから、ダイコンのモヤシのようなものだな

もっと知りたい！

平安時代から食べていた カイワレダイコン

カイワレダイコンは、平安時代の辞書『和名類聚抄』に、「黄菜（さわやけ・おうさい）」という名前で書かれています。ずいぶん古くから食べられていたわけですが、だれもが食べるようになったのは、ずっとあとのことです。栄養が豊富なことと、サラダや薬味のほか、いろいろな料理に手軽に利用できることから、1970年代に広く栽培されるようになりました。

さまざまな役割と品種

私たちがよく知るダイコンは、青首ダイコンと白首ダイコンに分かれます。もとは秋から冬にかけて収穫する野菜でしたが、品種改良のおかげで、春や夏もとれるようになりました。昔から地方ごとにいろいろな品種が作られています。直径2〜3センチ、長さ2メートル以上にもなる「守口大根」や、直径50センチ、重さ30キロ以上にもなる「桜島大根」など、世界一をほこる品種もあります。

生食

紫大根 甘みがありシャキシャキ

ビタミン大根 中身も緑でビタミンたっぷり

紅芯大根 中国生まれでパリパリ

辛味大根 小ぶりで辛みが強い

1本のダイコンでも、部分によって味わいが違います。サラダやお刺身のツマには、甘みがある首の部分、ピリッとした大根おろしが好きなら、辛みのある先の部分がいいでしょう。ダイコンには消化を助ける酵素「ジアスターゼ」が含まれています。料理に大根おろしをそえるのは、古くからの日本人のすばらしい知恵です。

調理・加工

三浦大根の寒干し

青首ダイコンは、根の上部が地上に出て日光に当たり、緑になります。甘みがあり、生でも煮てもおいしい品種です。白首ダイコンは、根の全体が土の中で育ち、白いまま大きくなります。なますやたくあん漬けなど、見た目を大事にする料理や加工食品に使われます。

もっと知りたい！ 伝統野菜として人気の各地のダイコン

練馬大根 水分が少なく干しやすい

桜島大根 世界一大きくきめこまか

亀戸大根 根も葉もおいしい江戸っこ

聖護院大根 甘くやわらかく煮くずれしない

5章 野菜ワールド ダイコン

119

ジャガイモ
小指ほどの大きさから色も形もさまざまに進化

ジャガイモの原種は、直径7ミリ～2.5センチほどの小さなイモでした。ソラニンという毒があるために、そのままでは食べられませんでした。毒ぬきをしたり、毒の少ない品種に改良し、長い年月をかけて大きくしていきました。写真は、ペルーのクスコで栽培されているさまざまな野生種。

改良前 BEFORE

5章 野菜ワールド ジャガイモ

改良度 ★★★★☆

サイズの差	★★☆
見た目の差	★★☆
品種の数	★★★

改良後 AFTER

カラフルな色のジャガイモが多い外国とくらべて、日本のジャガイモは、地味なイメージがあります。でもじつは、日本のほうが、あざやかな色をした果肉の品種改良を得意としています。写真の果肉の色がユニークなジャガイモは、日本で改良されたものです。紫、桃色、黄色など、いろどり豊かな品種が作られています。

大きい写真：キタアカリ　①メークイン　②ドラゴンレッド　③レッドムーン

品種改良のはじまり

昔から大事な作物だったのね！

古代インカ帝国の遺跡「マチュ・ピチュ」

段々畑で育てられたインカ帝国のジャガイモ

ジャガイモが生まれたのは、南アメリカのアンデス山脈です。5000年以上前から栽培され、15世紀のインカ帝国の主食は、ジャガイモだったといいます。世界遺産「マチュ・ピチュ」には、階段状につくられた畑が残され、進んでいた農業の様子を知ることができます。ジャガイモは、インカ帝国を征服したスペイン人によってヨーロッパへ伝わります。しばらくは食べられませんでしたが、土の中で育つので戦争で荒らされても被害が少なかったことから、ドイツで広まりました。また、寒さとやせた土地のために農作物ができなかったアイルランドでも育ち、人々の飢えを救ったことは有名です。

まだまだ人気 男爵さんのジャガイモ

日本へは1500年代の終わりに、オランダから伝わります。本格的に栽培されたのは、明治維新後。日本でいちばん有名な「男爵薯」は、明治時代の終わり頃に作られた品種です。川田龍吉男爵が、アメリカから病気や虫に強く早く育つ品種を取り寄せ、北海道で栽培しました。

川田男爵が輸入したジャガイモは、北海道の七飯村で栽培された

七飯村（現在の七飯町）

最新科学によって、芽の毒素がなくなるかもしれないのだ

もっと知りたい！ ジャガイモの毒がなくなる?!

やっかいなことに、ジャガイモの芽には毒素が含まれています。日に当たると緑色になり、そこにも毒素がたまります。料理するときは、芽や緑色の部分を取りのぞかなければなりません。でも、ありがたいことに、そんな心配をなくす研究が進められています。ゲノム編集の技術を使った品種改良で、近いうちに、毒素のないジャガイモが生まれることが期待されています。

※ゲノム編集とは、病気などの原因になる遺伝子を安全に取りのぞくことのできる技術です

さまざまな役割と品種

日本のジャガイモの生産量は、イモのなかまでトップをほこっています。代表的な品種は、「男爵薯」と「メークイン」。この2つがジャガイモのおいしさを広め、「肉じゃが」をはじめとする日本のジャガイモ料理を発展させました。その後、さまざまな品種が生まれ、食卓をにぎやかにしてくれています。

調理

シャドークイーン
サツマイモに近い食感

ラセット・バーバンク
アメリカでポピュラーな品種

調理に向くのは、煮くずれしない品種がいちばん。そして、うまみ、甘みがあること。紹介する品種は、それらの長所がそろい、カレーやシチュー、グラタン、コロッケ、サラダなどに広く利用されています。

インカのめざめ
甘くてなめらか

シンシア
長くおくほど甘くなる

グラウンドペチカ（デストロイヤー）
甘くてうまみが強い

加工

ホッカイコガネ

フライドポテトに

ノーザンルビー

ぽろしり

ポテトチップスに

ジャガイモは、料理用よりも加工用の品種のほうが多く栽培されています。フライドポテト用の「北海こがね」は、揚げても変色しにくく中身の黄色がきれい。「ノーザンルビー」「ぽろしり」も色が変わらず、チップスなどに使われます。

原料

片栗粉

紅あかり
もともとデンプン
原料用

皮は赤、中身は白い「紅あかり」は、片栗粉などの原料になるデンプン原料用に作られた品種です。ふつうに食べてもおいしく、いろどりも楽しめます。

5章 野菜ワールド ジャガイモ

123

トウモロコシ

9000年前、中南米で栽培が始まった

トウモロコシの先祖は、とても小さい房でした。9000年前ともいわれる昔から、人々はより多くの実がつく、より大きい房のものを選び、タネをとって育てることを繰り返しながら、大きい品種を作っていったと考えられています。写真は、「テオシント」。DNAの研究によって、トウモロコシの原種のひとつとする説が有力になっています。

改良前 BEFORE

5章 野菜ワールド トウモロコシ

改良度 ★★★★☆		
サイズの差	★★☆	
見た目の差	★★★	
品種の数	★★★	

▶▶ **改良後** AFTER

新大陸を発見したスペイン人たちは、初めて見る作物について記録を残しています。それによると、トウモロコシは古代から、さまざまな品種が栽培されていたようです。そしていま、それらの品種がもっと美しく、もっと味わいよくなるようにと、改良が重ねられています。いろいろな食べ方、料理、加工に合わせた、専用の品種も作られています。

大きい写真：ゴールドラッシュ　①グラスジェムコーン　②ジャイアントコーン　③八列とうもろこし（写真提供：さの農場）

125

品種改良のはじまり

トルティーヤ

タマーレ

古代、トウモロコシは神とされ、その姿が絵や像に残されている

トウモロコシの栽培が大規模に行われていたアステカの宗教都市、テオティワカンの「月のピラミッド」

トルティーヤは古代食 ?!

1500年代、中南米にやってきたスペイン人は、マヤやアステカ、インカの地で、さまざまな品種のトウモロコシに出会います。残された記録には、私たちが知っているトルティーヤやタマーレなどの料理が登場し、レシピも詳しく書かれているといいます。スペイン人によって伝えられたトウモロコシは、ヨーロッパでは、初めは家畜のエサでしたが、収穫量が多く短期間で生長すること、栽培が簡単でどんな気候でも育つことから、人々の食用としても広まっていきました。

江戸時代のトウモロコシ「玉蜀黍」(『成形図説』巻19 国立国会図書館デジタルコレクション)

江戸時代、ポップコーンを食べた？

日本には1500年代の終わり頃、ポルトガル人が長崎に伝えます。九州、四国、中国から関東地方まで伝わって、山地で栽培されました。江戸の薬学者、人見必大は、『本朝食鑑』という本のなかで、火であぶったり、乾燥して粉にし、おもちにすることをすすめています。本格的な栽培が始まったのは、明治時代の初めです。北海道開拓使が、アメリカからの品種を育て、改良していきました。

江戸時代の農学者、宮崎安貞も『農業全書』に、お菓子の材料に向くと書いている

もっと知りたい！ ポップコーンをつくる「爆裂種」

私たちがふだん、ゆでたり焼いたりして食べているトウモロコシは、スイート種です。これでは、ポップコーンは作れません。ポップコーンを作ることができるのは、粒の皮がとてもかたいグラスジェムコーン（124ページ）のような「爆裂種」です。早くからトウモロコシを栽培していたアメリカの先住民やメキシコのアステカ族は、ポップコーンを食べていたといいます。

さまざまな役割と品種

トウモロコシはゆでたり焼いたりして、そのまま食べてもおいしい品種がたくさんあります。とれたての新鮮なうちに、生で食べられる品種もあります。かたいものや甘みが少ないものは、料理の材料として加工します。食用だけではなく、環境にやさしい燃料にも変身します。

食べる・加工

トウモロコシは、料理にはもちろん、缶詰や加工品にも使われます。乾燥させて細かくひいたトウモロコシ粉、デンプンだけを取り出した、とろみづけ用のコーンスターチ、デンプンから作るコーンシロップなど、料理の素材として使われます。発酵させると、古代からのお酒「チチャ」ができます。

飼料

トウモロコシは、ウシやブタ、ニワトリのエサ（飼料）になります。日本で輸入するトウモロコシのおよそ8割は、エサ用です。エサ用のデントコーンは、実だけでなく、葉も茎も全部使います。

ウルトラスーパースイートコーン
甘みがとても強く、粒皮がやわらかい

バイカラーコーン
白と黄があざやか

ホワイトコーン
白系ならではのしっかりした甘さ

もちトウモロコシ
もちもちとして甘みひかえめ

デントコーンの畑

野菜ワールド ── トウモロコシ

もっと知りたい！ トウモロコシから燃料を作る！

トウモロコシは、地球の温暖化やエネルギー不足を解消する作物としても注目されています。トウモロコシに含まれる糖を発酵させると、再生可能な燃料を作ることができるのです。この燃料を自動車に利用する取り組みが始まっています。

127

品種改良なるほどコラム4

雑穀から変身！さらに進化する米

右上：陸稲　左上：左からイネの籾、籾の殻を取った玄米、玄米の表面をけずった精米（白米）

1983年と2023年のうるち米の作付面積ベスト10

1983年	2023年
コシヒカリ	コシヒカリ
日本晴	ひとめぼれ
ササニシキ	ヒノヒカリ
アキヒカリ	あきたこまち
キヨニシキ	ななつぼし
トヨニシキ	はえぬき
トドロキワセ	まっしぐら
越路早生	ゆめぴりか
イシカリ	きぬむすめ
レイホウ	キヌヒカリ

作物研究所研究報告（2005年2月）と米穀安定供給確保支援機構資料（2024年10月）より作成

　私たちが主食にする、米についても知っておきましょう。米は、イネの実（籾）の殻を取りのぞいたものです。イネはもともと野原に生える雑穀でしたが、古代の人が栽培を始めます。当時は右上の写真のように水田ではなく、畑作でした。稲作は縄文時代に中国から伝わり、日本でも栽培が始まりました。弥生時代の遺跡からは短粒のジャポニカ種しか発見されていないことから、日本には長粒のインディカ種は入ってこなかったようです。

　日本の米は、約900品種もあります。ごはんにするうるち米だけでも、約290品種。「コシヒカリ」「ひとめぼれ」「あきたこまち」など、有名ですね。最近は、"おいしい"だけでなく、高温にも病気にも強い"次世代米"、「にこまる」「富富富」「新之助」「にじのきらめき」なども作られています。

　お米は、おもちやせんべい、みそ、日本酒などにもなります。品種改良の「スーパーライス計画」では、栄養が多く健康によい米や、いろいろな料理に合うように、ジャンボサイズの米、ミニサイズの米、カラフルな米なども作られ、米を食べる楽しみが広がりました。

バラ

恐竜がいた時代から山野に咲いていた

バラが自生していたのは、約7000万年前からともいわれます。原種は北半球だけに見られ、チベット周辺や、中国の雲南省からミャンマーにかけての地域が、おもな産地とされています。写真はすべて原種で、これらを中心にさまざまな品種が生まれました。

改良前 BEFORE

大きい写真 上：ギガンテア　下：ガリカ　①：フェティダ　②：キネンシス　（写真提供：上田善弘）

改良度 ★★★★☆

- サイズの差 ★★☆
- 見た目の差 ★★★
- 品種の数 ★★★

6章 花ワールド ― バラ

改良後 AFTER

バラの種類は大きく分けて、ハイブリッド・ティー、フロリバンダ、つるバラ、ミニバラの4つの系統があります。大きい写真は、ハイブリッド・ティー第1号の「ラ・フランス」。中国生まれの「コウシンバラ」がルーツとされています。この品種の前からあったバラは、「オールドローズ」、そのあとに誕生したバラは、「モダンローズ」と呼ばれます。私たちがよく見かけるのは、「モダンローズ」です。

③カインダーブルー ④モーリス・ユトリロ ⑤ピエール・ド・ロンサール

131

品種改良のはじまり

みんな、バラのとりこになっちゃったのね！

『皇帝ナポレオン一世と皇妃ジョセフィーヌの戴冠』（ルイ・ダヴィッド 1805年 ルーブル美術館）

たくさんのバラを集めたジョセフィーヌ

古代ギリシャの書物やクノッソス遺跡の壁画など、バラは古くから、いろいろなところに登場します。エジプトの女王、クレオパトラのバラ好きは、とても有名です。のちの時代、ナポレオンの妻のジョセフィーヌも、バラの魅力にとりつかれました。1800年代はじめ、パリ郊外のマルメゾン城にバラの原種や栽培品種を200数十種も集め、交配させたといいます。1867年、ジャン=バティスト・ギヨー・フィスが、四季咲きのハイブリッド・ティー第1号を誕生させたことから（131ページ写真参照）、バラの栽培がブームになりました。

万葉集や源氏物語にも登場するバラ

万葉集の防人の歌には、「ノイバラ」が登場します。『源氏物語』や『枕草子』には、中国からやってきた「薔薇（コウシンバラ）」が出てきます。ただ、日本での栽培らしい栽培は遅く、明治時代になってからです。西洋のバラが輸入され、本格的な栽培が始まります。昭和時代には、品種改良がさかんになります。そして平成時代を迎え、2004年、世界初の遺伝子組み換えによる「青いバラ」の開発にも成功しました。

交雑育種でもさまざまな青いバラが作られてきた

もっと知りたい！ 日本のバラが世界のバラに変身！

日本原産のノイバラ、テリハノイバラ、ハマナスは、世界中のさまざまな品種改良に使われます。ノイバラは、バラのなかでも代表的なフロリバンダの品種に。つるが伸びるテリハノイバラは、つるバラの品種に。ハマナスは、寒さに強い品種に。こんなふうに、日本のバラが世界のバラに変身するなんて、ちょっと自慢したくなりますね。

ハマナス

ノイバラ

さまざまな役割と品種

バラは古代から、美しい姿と香りで愛され続けてきました。時代ごとにより美しく、より香り高くと、品種改良が行われ、いまや世界のバラは、10万種以上にもなるのではないかといわれています。

育てて楽しむ

ミスター・リンカーン（ハイブリッド・ティー）
リンカーン大統領にちなむ濃い赤色の大輪

アンバー・クイーン（フロリバンダ）
香りが強く花もちがいい

アンジェラ（つるバラ）
じょうぶでよく伸び、たくさん花をつける

グリーン・アイス（ミニバラ）
つぼみは赤みがかり、咲くと白から緑に

シロップやティーに

ダマスクローズとローズシロップ

ローズヒップ

飾って楽しむ

切り花

花びらや実のローズヒップを乾燥させれば、ローズティーや薬味に。蒸留すると、ローズウォーターやローズオイルに。ローズウォーターに砂糖を加えれば、ローズシロップに。花びらを煮つめれば、ローズジャムに。

6章 花ワールド ――バラ

チューリップ

古くから愛され、品種改良のさきがけになった

チューリップのふるさとは、パミール高原から天山山脈にかけての中央アジア、中国、チベット、地中海沿岸とされています。写真はクレタ島固有の原種、チューリッパ・バケリイ（写真提供：冨山 稔）。

改良前 BEFORE

6章 花ワールド

チューリップ

改良度 ★★★★☆

- サイズの差 ★★☆
- 見た目の差 ★★★
- 品種の数 ★★★

改良後 AFTER

チューリップの品種の数は、6500以上といわれています。野生の原種系の品種も、2000以上あるといわれます。原種系は植えっぱなしでもよく育つことで人気があり、改良品種と自然の品種が、庭先でなかよく並ぶ姿もよく見られます。ほとんどのチューリップには、もともと香りがありませんが、最近は香りの強い品種も作られています。

大きい写真：横浜公園のチューリップ　①アイスクリーム　②いちごスター　③ブラックパロット

品種改良のはじまり

まだらな「レンブラント」

トルコのトプカプ宮殿のタイルにチューリップの模様

「チューリップ」の名は、トルコのターバン（ツリバン）という説がある。花の形が似ているからだとか

球根1コのねだんが大邸宅なみ!?

チューリップの品種改良は、トルコが最初だといわれています。16世紀、オランダに伝えた頃には、多くの品種があったようです。オランダでは、1630年代に栽培がさかんになり、球根が投資の対象になって、「チューリップ狂時代」とまでいわれました。まだら模様などのめずらしい品種には、とてつもない高い値段がつきました。じつは、これらの品種は、ウイルスにかかったものでしたが、現在のまだらなチューリップは品種改良されたものです。

チューリップ王国、オランダにも輸出！

日本人が初めてチューリップを見たのは、実物ではなく、絵だったといわれます。岩崎常正が、ドイツのウェイマンの花の画集から写し、「鬱金香」として『本草図譜』にまとめたものです。ほんものがやってきたのは、文久3年（1863年）といいます。当時は、ごく一部の観賞用に栽培されるだけで、一般に広まるのは、大正時代。新潟県と富山県で本格的な栽培が始まり、代表的な産地になりました。「チューリップの父」と呼ばれる富山県の水野豊造は、日本で初めて新品種を作り、世界にほこる品種も生まれました。いまではチューリップ王国、オランダにも輸出されるほどです。

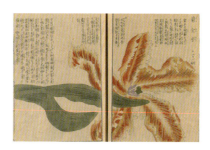

岩崎常正『本草図譜』巻10-12，写．国立国会図書館デジタルコレクション

富山県生まれの「黄小町」

もっと知りたい！ 冬に咲くアイスチューリップ

チューリップが咲く時期は、早いものは4月中旬から、遅いものなら5月上旬頃です。ところが、12月から1月頃に咲いて、冬中楽しめる「アイスチューリップ」があります。といっても、特別に改良した品種ではありません。ごくふつうのチューリップの球根を温度の低い場所で管理して、冬に取り出して栽培します。寒い場所にいたチューリップが、急に暖かい場所に出されるので、春がきたと勘違いをして咲くのだそうです。

人気品種7つの咲き方

チューリップの咲き方には、7種類あります。一重咲き、八重咲き、ユリ咲き、スプレー咲き、フリンジ咲き、クラウン咲き、パロット咲きで、それぞれのちがいに驚きます。品種改良にかけた、昔の人々の思いが伝わってくるようですね。

パープル・フラッグ
（一重咲き）大きい花をつけながら開きすぎない美しさ

ウェディングギフト
（八重咲き）つぼみがふくらむにつれて色が濃くなり、はなやかに

キャンディークラブ
（スプレー咲き）白からだんだん濃いピンクに変わる楽しさ

バレリーナ
（ユリ咲き）香りをただよわせ踊るように花開く

ジョイント・ディヴィジョン
（フリンジ咲き）赤からオレンジにうつる花びらの先がちぎれてかわいい

ホワイトリバースター
（クラウン咲き）寒さに強く冬から咲く花びらの変化がおもしろい

ミステリアスパーロスター
（パロット咲き）オウムの羽のような花びらがにぎやか

6章 花ワールド ― チューリップ

137

ユリ

有史以前から香り高く はなやかに咲きほこる

日本には、ユリの野生種が15種自生しています。日本を訪れた外国人は、その美しさにひかれ、自分の国に持ち帰って栽培し、さまざまな品種を作りだしました。現在、世界で人気のある品種の多くも、大きい写真の「ヤマユリ」をはじめとする、日本の原種のなかまから生まれたものです。

①スカシユリ　②テッポウユリ

改良度 ★★★☆☆

サイズの差	★☆☆
見た目の差	★★☆
品種の数	★★★

6章

花ワールド ユリ

③シャンデリアリリー　④スターガザール　⑤アナスタシア

改良後 AFTER

世界中で人気のある品種といえば、ユリの女王「カサブランカ」でしょう。大きい写真のように大輪のまっしろな花を咲かせ、香りが強いのが特徴です。1970年代にオランダで、日本の原種のヤマユリ、カノコユリ、タモトユリを交配させて生まれました。そのためにオリエンタルハイブリッドと呼ばれます。スペイン語の「白い家」を意味する名前がつけられました。

139

品種改良のはじまり

ササユリ

神にささげる花から世界を夢中にさせる花に

ユリの美しさは、古事記や万葉集にもしるされています。日本を代表する原種のひとつ、「ササユリ」は、日本最古の神社とされる奈良県の大神神社で、ご神花として大切にされています。率川神社では毎年行われる「三枝祭」で、神酒と一緒に「ササユリ」をそなえます。日本のユリは室町時代には、茶花や生花用に栽培したといわれています。明治時代になって、日本のユリがヨーロッパで脚光をあびたことから、逆輸入のかたちで栽培がさかんになりました。

ヨーロッパ原産、聖なるマドンナリリー

「マドンナリリー」は、地中海沿岸に自生するユリです。純潔や聖なるものを象徴する花とされ、聖書の受胎告知を描いた絵や彫刻には、天使ガブリエルがユリの花を手にしている姿があります。もとはただ「白いユリ」と呼ばれていましたが、日本のテッポウユリがヨーロッパに渡ってから、区別するために「マドンナリリー」と名づけられました。

『受胎告知』（レオナルド・ダ・ヴィンチ　ウフィツィ美術館）

もっと知りたい！　日本のテッポウユリがイギリスでイースターリリーになった

テッポウユリの原産地は、台湾と沖縄諸島です。スウェーデンの植物学者、ツンベルクや、ドイツ人の医師、シーボルトによって、ヨーロッパに紹介されました。19世紀に日本を訪れたイギリスの宣教師たちは、その美しさにひかれ、持ち帰って栽培を始めます。キリスト教では、白いユリは、イエス・キリストの復活を記念する花。日本生まれのテッポウユリの栽培品種が、「イースターリリー」として流行するようになります。明治時代の終わり頃には逆輸入され、日本でももてはやされました。

沖縄来間島の「テッポウユリ」

さまざまな役割と品種

日本では、もともとの原種の美しさが好まれたことから、ユリの栽培が本格的に始まったのは、ほかの植物よりずっとあとの、明治時代になってからのことです。日本の原種をもとにして、オランダを中心にさまざまな品種が生み出されました。改良品種は、おもに下の6つの系統に分かれます。

6章　花ワールド　ユリ

ローズリリー
オリエンタル・ハイブリッド（OH）

ミヤビ
ロンギフローラム・ハイブリッド（LH）

ランディーニ
アジアティック・ハイブリッド（AH）

チェザーレ
ロンギフローラム・アジアンティックハイブリッド（LA）

イエローウィン
オリエンタル・トランペットハイブリッド（OT）

トライアンファター
LOハイブリッド（LO）

食べる

百合根

オニユリ

ユリは、球根を食べることができます。江戸時代の『農業全書』（1697年）に、栽培法や食べ方が書かれています。ただし、どの品種でもいいわけではありません。食用になるのは、苦みが少なくて甘い、ヤマユリ、オニユリ、コオニユリなどです。ユリネの栽培は明治時代からさかんになり、現在のユリネは、ほとんどが北海道で作られています。

OH：ヤマユリ、サクユリ、カノコユリなど　LH：テッポウユリ、タカサゴユリなど　AH：おもにスカシユリ　OT：おもにリーガルリリー

141

1 サクラ
野生種も栽培種もそれぞれ美しい

春の野山に出かけると、サクラの野生種を見ることができます。写真は、そのひとつのオオシマザクラ。ふるさとの伊豆大島にちなんで、名づけられました。サクラの品種は一般的に花が終わってから葉をつけますが、オオシマザクラは、花と葉を一緒につけるのが特徴です。伊豆大島には、「桜株」と呼ばれる、樹齢800年以上とされるオオシマザクラの巨木が自生していて、国の特別記念物に指定されています。

改良前
BEFORE

改良度

★★☆☆☆

サイズの差	★☆☆
見た目の差	★☆☆
品種の数	★★☆

6章

花ワールド

―――

サクラ

① 紅豊　② 鬱金　③ 八重紅枝垂

▶▶ 改良後 AFTER

サクラは、花のなかでも突然変異が起こりやすい、つまり変化変身しやすい植物です。そこで、お花見が大好きな日本人は、いろいろな種類を楽しもうと、さまざまな品種を探しだしました。大きい写真は、その代表ともいえる「ソメイヨシノ」です。日本国内で最も多く植えられています。

143

品種改良のはじまり

日本人はお花見大好き！

八代将軍徳川吉宗は大のサクラ好きで、隅田川堤や飛鳥山など江戸の各地にサクラを植え、そこがお花見の名所になったことはよく知られています。品種改良もさかんで、江戸時代の終わりには、「ソメイヨシノ」をはじめ、私たちが知るサクラの多くが作られていました。明治時代にやってきた外国人たちは、日本のサクラの美しさにひかれ、多くの品種を持ち帰りました。「太白」もそのひとつで、日本には1本もなくなってしまいましたが、昭和時代に、イギリスで育てられていた「Tai-Haku」が戻されました。

「隅田川 水神の森 真崎」歌川広重（1856年）

イギリスから里帰りした「太白」

外国では花よりダンゴ？

2万5000年前のヒマラヤザクラの化石が見つかったことから、サクラはヒマラヤが原産とされています。北半球の温帯地域に広く自生していますが、美しい野生種は少なかったためか、ヨーロッパや北米ではもっぱら、実を食べるサクランボのための品種改良が行われました。

冬に咲く「ヒマラヤザクラ」

もっと知りたい！ サクランボは西洋生まれ

サクランボができるサクラは、「セイヨウミザクラ（西洋実桜）」「セイヨウスミザクラ（西洋酢実桜）」「シナミザクラ（支那実桜）」の3つとされています。「佐藤錦」や「紅秀峰」などの日本のサクランボは、ほとんどが、セイヨウミザクラによるものです。サクランボの歴史は古く、数千年前の青銅器時代の遺跡から、セイヨウミザクラのタネが見つかっています。

さまざまな役割と品種

日本人とサクラは、昔から特別な関係にあるといえるでしょう。さまざまな品種ができてサクラの人気が高まった平安時代には、和歌に歌われ、花盗人など桜にまつわる話もたくさんあります。戦国時代、豊臣秀吉がもよおした花見の話も有名です。現代も多くの人が、毎春の開花予想を心待ちにします。各地のサクラをめでようと、桜前線を追いかけて旅行する人もいます。

6章 花ワールド ── サクラ

長州緋桜（ちょうしゅうひざくら）
江戸時代に荒川堤で栽培

カワヅザクラ（河津桜）
春をつげるうれしい早咲き

関山（かんざん）
ボリュームがあり外国でも人気の八重桜

御衣黄（ぎょいこう）
おおぶりでめずらしい黄緑色

舞姫（まいひめ）
八重にはめずらしく早めに花が咲く

陽光（ようこう）
寒さにも暑さにも強くあざやかな紅色

シダレザクラ（枝垂桜）
やわらかい枝を大きく広げてみごとな姿

加工

桜漬け（さくらづけ）

桜湯と桜餅（さくらゆとさくらもち）

サクラの葉や花びらは、香りと味わいを楽しむこともできます。塩漬けにした葉でくるんだ桜餅。塩漬けにした花を湯に入れた桜湯。幹や枝は、雅楽の横笛などの楽器や家具にしたり、こまかくきざんでくんせい用のチップにも使います。

145

あとがき

　家畜として皆さんの生活、衣食住を支えているほ乳類はイヌやウシなど、10種くらいでしょうか。きっとそんなに少ないはずはないと思われたかもしれません。柴犬にチワワ、ダックスフンドなど、イヌだけでも何十種も知っているよ！　といろいろなイヌを思い浮かべた人もいることでしょう。小さなチワワから大きなセントバーナードまで、世界中には700品種以上のイヌがいます。これらのイヌたちは、人と生活をともにしはじめたオオカミが、品種改良によってさまざまに姿を変えたイヌたちなのです。イヌの祖先は2万年〜4万年くらい前に人と暮らすようになり、人といっしょに世界中に広がり、その地に合った、役割に合わせた、多くの品種になりました。人に都合のよい品種をつくることを品種改良と言います。この本のテーマは品種改良の『前』と『後』です。なじみの家畜や家禽、ペットの祖先がどのような動物だったのかを紹介しています。そして改良され、どのような用途にあった品種になってきたかを解説しました。

　ウシの祖先オーロックスは西アジアから東ヨーロッパで家畜化されました。この地にはバイソンという野牛もすんでいました。昔の人は両方とも捕まえて飼いならそうとしたに違いありません。でも家畜になったのはオーロックスだけでした。ニワトリはセキショクヤケイという野生のニワトリを飼いならしました。いろいろな鳥を飼いましたが、人のために毎日卵を産んでくれるまでに品種改良できたのはニワトリだけです。

　ほ乳類は5000種以上が知られていますが、家畜になったのは10種くらいで、ラクダなど特別な家畜を含めても20種くらいと、全ほ乳類の0.4％です。鳥は1万種以上いますが、家禽やペットとしていろいろな品種になった鳥は10種ぐらい、0.1％でしかありません。人間と生活をともにできる家畜や家禽というのは、じつは動物界のなかでも例外的な存在なのです。そうした生き物たちは、品種改良でいろいろな役割を果たしてくれるようになり、人類の歴史を支えてきた、人にとってかけがえのない動物たちなのです。

動物編監修・小宮輝之

　この図鑑を読む前と後で、君たちの植物を見る目はどれだけ変わったでしょうか？　前よりもおもしろく、興味深く感じられるようになっていたら、とてもうれしいです。

　私は長い間、植物の品種改良をしてきました。でも、世の中には品種改良をして給料をもらえる仕事がある。この事実に私が気づいたのは大学生になってからでした。それどころか、身の回りの農作物のほぼすべてが、人間によって改良されていることすら私は知らなかったのです。ただなんとなく、外国のどこかで突然変異によって生まれた品種がふやされ、日本でも栽培されるようになったと思い込んでいたんですね。

　もっと早く品種改良の世界について知りたかった、この図鑑にはそんな思いも込めています。

　品種改良は生き物をデザインする仕事、といわれてしまうとなんだか難しそうに感じるかもしれませんが、そんなことはありません。どうやったら植物たちが人類の役に立つように変化するのかを考え、自分好みの姿や性質に変わってもらうだけのことです。植物に人間のために働いてもらう、という視点をもてばだれにでもできます。ただし、植物にベストコンディションで働いてもらうためには、人間側の栽培技術も発展させ続けなければなりません。栽培技術の改良も品種改良と同じくらい重要な仕事なのです。

　品種改良をしていると、まるで植物たちと一緒に冒険をしているような気持ちになります。数多くの失敗と長い時間をかけなければ、優れた品種を生みだすことはできないからでしょうね。そのぶん、ゴールにたどり着いた瞬間は、植物たちと気持ちが通じ合ったような感動を味わえます。

　もし君たちが、この図鑑を通じて品種改良の仕事に挑戦してみたいと思ってくれたなら、これほどうれしいことはありません。植物の世界には、まだまだ無数の秘密が隠されています。君たちが新しい品種を作りだし、それが世界中の人々を笑顔にする日を、私は心から楽しみにしています。

植物編監修・竹下大学

さくいん

ア行

アイスチューリップ	136
青いバラ	132
青首ダイコン	117〜119
アコヤ貝	75〜77
あまおう	89、102
イエネコ	34〜36
イースター	60
イースターリリー	140
イネ	128
イノシシ	26、28
インカ帝国	122
うるち米	128
温州みかん	95〜97
オウム	54、55
大友宗麟	110
オオシマザクラ	142
オナガドリ	50
オニユリ	141
オランダイチゴ	86、88
オールドローズ	131
オーロックス	22、24、146

カ行

カイワレダイコン	118
カサブランカ	139
花托	88
カラハリスイカ	82
川田龍吉	122
韓国カボチャ	110
キンギョ	62〜65
草花写生図巻	106
グッピー	67
クレオパトラ	76、132
黒田清隆	100
群鶏図	50
ゲノム編集	46、122
コイ	70〜72
古代エジプト	20、24、36、82、92、96、116
古代ギリシャ	114、132
コブウシ	24、25
米	128

サ行

サクランボ	144
ササユリ	140
ザーネン種	43、45
サラブレッド	31
三元豚	29
サンふじ	100
鹿ケ谷カボチャ	110
ジョセフィーヌ	132
白首ダイコン	119
スカシユリ	138
ズッキーニ	110
成形図説	84、118、126
セイヨウカボチャ	109、111
西洋リンゴ	99
セキショクヤケイ	48、146
ソメイヨシノ	143、144

タ行

タチバナ	94、96

タルパン	30、32
男爵薯（だんしゃくいも）	122、123
チューリップ狂時代（きょうじだい）	136
チューリッパ・バケリイ	134
つるバラ	131〜133
テオシント	124
テッポウユリ	138、140
テリハノイバラ	132
伝統野菜（でんとうやさい）	110、119
徳川吉宗（とくがわよしむね）	58、144
とちおとめ	89、102
豊臣秀吉（とよとみひでよし）	58、145
トルコ	28、44、136

ナ行

西川藤吉（にしかわとうきち）	76
ニホンカボチャ	109〜111
日本鶏（にほんけい）	51
乳牛（にゅうぎゅう）	25、46
ノイバラ	132

ハ行

ハイイロオオカミ	18
ハイブリッド・ティー	131〜133
パサン	42
ハボタン	114、115
ハマナス	132
春キャベツ（はる）	115
ハロウィン	111
ヒポクラテス	114
福羽逸人（ふくばはやと）	88
ふじ	99〜101
フナ	62、64
冬キャベツ（ふゆ）	113、115
フラガリア・チロエンシス	86、88
フラガリア・バージニアナ	86、88
フロリバンダ	131〜133

ベタ	66、67、69
ペポカボチャ	109〜111
保護品種（ほごひんしゅ）	40
本草図譜（ほんぞうずふ）	136
本草和名（ほんぞうわみょう）	72

マ行

マイクロトマト	104、105
マガモ	56、58
マーコール	44
マドンナリリー	140
御木本幸吉（みきもとこうきち）	76
水野豊造（みずのぶんぞう）	136
見瀬辰平（みせたつへい）	76
ミニバラ	131、133
メークイン	121、123
蒙古馬（もうこうま）	32
モダンローズ	131

ヤ行

ヤセイカンラン	112、114
ヤマユリ	138、139、141
ヨウム	54

ラ行

リビアヤマネコ	34

ワ行

ワイン	91〜93
和漢三才図会（わかんさんさいずえ）	58
和名類聚抄（わみょうるいじゅしょう）	118
和リンゴ（わ）	98

参考文献 / 参考サイト

「品種改良の世界史　家畜編」　悠書館

「動物と人間の歴史」　築地書館

「人と動物の日本史図鑑①〜⑤」　少年写真新聞社

「事典 人と動物の考古学」　吉川弘文館

「世界家畜品種事典」　東洋書林

「野生から家畜へ（食の文化フォーラム 33）」　ドメス出版

「ネコ全史」　日経ナショナルジオグラフィック

「世界のネコたち」　山と溪谷社

「インコの謎」　誠文堂新光社

「小学館の図鑑 NEO　メダカ・金魚・熱帯魚」　小学館

「品種改良の日本史」　悠書館

「品種改良の世界史・作物編」　悠書館

「日本の品種はすごい」　中央公論新社

「野菜と果物　すごい品種図鑑」　エクスナレッジ

「日本の果物はすごい」　中央公論新社

「イチゴ大事典」　農山漁村文化協会

バイオステーション（農研機構）　https://bio-sta.jp

「世界を変えた野菜読本」　晶文社

「世界を変えた 10 のトマト」　青土社

「トマトの歴史」　原書房

「食育 野菜を育てる キャベツ」　小峰書店

「イネ・米・ごはん大百科 お米の品種と利用」　ポプラ社

「古代米の塊に刻まれた弥生時代の人々の暮らし」　http://www.spring8.or.jp/ja/

米ネット（米穀機構）　https://www.komenet.jp/nandemobook/index_nandemoweb.html

「花の品種改良の日本史」　悠書館

「花の品種改良入門」　誠文堂新光社

「チューリップの文化誌」　原書房

「チューリップ」　文一総合出版

写真・資料提供者

Aflo

istock

糸井琢眞

上田義弘

皇居三の丸尚蔵館

国立国会図書館

小宮輝之

サカタのタネ

さの農場

JA あいち三河

善通寺市

それいゆふぁ〜む

竹下大学

月形町

東京国立博物館

冨山 稔

ナント種苗

農研機構

萩原農場

PIXTA

Pixabay

photolibrary

山梨県

ユーグレナ

ruderal Inc.

監修

【動物編】小宮輝之

上野動物園の第13代園長。日本動物園水族館協会前会長。2011年8月から公益財団法人東京動物園協会常務理事。他に公益財団法人日本鳥類保護連盟代表理事（会長）、山階鳥類研究所評議員、サントリー世界愛鳥基金運営委員などを務める。おもな著書「目からウロコの動物園」（保育社）、「日本の哺乳類」「動物園・水族館のクイズ図鑑」（学習研究社）、「くらべて分かる哺乳類」（山と溪谷社）他多数。

【植物編】竹下大学

品種ナビゲーター。キリンビールで花の育種プログラムを立ち上げ、同社アグリバイオ事業随一の高収益ビジネスモデルを確立。国内外で130品種を商品化。2004年、ALL-America Selectionsが北米の園芸産業発展に貢献した育種家に贈る「ブリーダーズカップ」の初代受賞者に。現在は植物・食文化・イノベーション・人材育成・健康の切り口から、情報発信やセミナー等を行う。技術士（農業部門）、J.S.Aソムリエ。おもな著書「野菜と果物 すごい品種図鑑」（エクスナレッジ）「日本の品種はすごい」（中央公論新社）他多数。

マンガ	佐々木あかね
装丁・ワールドマップイラスト	諸石麻子、福間祐子
本文イラスト	植本勇
DTP	野澤由香（STUDIO 恋球）
編集・執筆協力	阿部浩志（ruderal Inc.）
編集・執筆	春燈社（松林寛子、小西篤宜）
統括	アマナ（鈴木有一）

ビフォーアフター 大変身！
品種改良図鑑

ISBN 978-4-580-88811-1
NDC 468/C8645　152P 26.4 × 21.7cm

2025年1月30日　第1刷発行

監　修	小宮輝之　竹下大学
発行者	佐藤諭史
発行所	文研出版

〒113-0023　東京都文京区向丘2丁目3番10号
〒523-0052　大阪市天王寺区大道4丁目3番25号
代表 (06) 6779-1531　児童書お問い合わせ (03) 3814-5187
https://www.shinko-keirin.co.jp/

印刷所／製本所　株式会社 太洋社

©2025 BUNKEN SHUPPAN Printed in japan
・定価はカバーに表示してあります。
・万一不良本がありましたらお取り替えいたします。
・本書のコピー、スキャン、デジタル化等の無断複製は、著作権法上での例外を除き禁じられています。
　本書を代行業者等の第三者に依頼してスキャンやデジタル化することは、たとえ個人や家庭内の利用であっても著作権上認められておりません。

こたえ！

こたえは、イチゴとダイコンだよ

クイズ 01

イチゴは花托が成長したものって紹介されてたね

こたえ **イチゴ**